北京高校中国特色社会主义理论研究协同创新中心
（中国政法大学）阶段性成果

段志义◎著

人学视域中的人性问题研究

RENXUE SHIYU ZHONG DE
RENXING WENTI YANJIU

中国政法大学出版社

2021·北京

前 言

军都夜话

我对本书中人性、人的本质的思考要追溯到 1983 年我师范毕业，被分配到北京市昌平区军都山里教书。那时山区的交通还很不方便，特别是到了冬季大雪封山，夏季山坡流下的雨水把泥土的山路冲得坑坑洼洼时，回家的路更是难走，通常一周回家一次，平常就住在大山褶皱中的校园宿舍里。生活很艰苦，夜晚陪伴自己的常常是从窗外泼进屋里的那一地寂寞的月光，精神有时也会感到孤寂。此时，教书之余静静地读书给了我极大的精神快乐，养成了我到现在都保持的，与热闹相比更喜欢"吹灭读书灯，一身都是月"的静谧，更喜欢一个人享受纯粹的素美的习惯。在没有应时读物的那时，带在身边的古诗词和古典哲学类读物，就成了伴随我艰苦"山村男教师"生活的"精神面包"。古典诗词中不管是陶渊明"寄傲的南窗"，还是李商隐"剪烛的西窗"，都可以为我打开审美的天窗，让我超越现实生活中的"无边丝雨细如愁"，体会文学艺术中的"自在飞花轻似梦"。陶渊明《饮酒诗（其五）》更是让我有了"道胜无戚颜"的美妙体验。古典哲学让我渴望知道"朝闻道，夕死可矣"，"君子爱财，取之有道"，"龙场悟道"，"师者，传道"中所说的"道"是什么？它怎么有那么神奇的魅力，让人不但超越外在的贫富贵贱，"素富贵，行乎富贵；素贫贱，行乎贫贱"，更难能可贵的是它还有可以超越生死的宗教功能，它使中国人有了自己的信仰形式。这个万事万物不得不由、不得不依、不得不归的"道"，在中国思想中有着最崇高的地位，但它是怎么一回事呢？我迫切地想弄明白，想知"道"。孔子在《论语》中讲"吾道一以贯之"，却没直接告诉我们"道"的确切含义。曾子认为老师讲的"吾道一以贯之"的"一"，就是仁，表现为忠恕两个方面的统一。曾子在自己的著作《大学》中说："大学之道，在明明德，在亲民，在止于至善。""明德"是内用立己，"亲民"是外用立人，"至善"是尽力做到最好。一生立己和立人都尽自己的力量做到最好就是在行道。朱熹在《四书集注》中对曾子的"忠恕"进行了注释，他说："尽己之谓忠，推己之谓恕。""道"第一层次的含义讲的是处理自己和自己关系的"忠"。"尽己之谓忠"，处理自己与自己的关系一定要做到尽己，尽己首先要知己，知己者明，要认识自我，知道自己是那块料，有自知之明最重要。要处理好自己和自己的关系，做到对自己"忠"，有三种情况一定要避免，否则就是对自己的不忠，会给自己带来灾祸。这三种情况就是孔子所说的："德薄而位尊，知小而谋大，力小而任重，鲜不及也。"《易》用一个字来说明其危险程度——"凶"。一个人德行浅薄却占据高位，智慧有限却自作聪明地谋划大事，能力有限却不自量力地承担重任，这三种情况鲜有不招来灾祸的。这就是对自己没做到一个字——"忠"。"道"第二层次的含义讲的是处理人与人的关系的总原则——"恕"。孔子最聪明的学生子贡问过孔子这个问题："有一言而可以终身行之者乎？"。孔子怎么回答的呢？"子曰：'其恕乎！己所不欲，勿施于人。'"子贡对老师说，有没有可以终身奉行的一个字呢？孔子说，那大概就是"恕"字吧！什么是"恕"呢？朱熹说："推己之谓恕。"和人相处要学会"推己"，就是问问自己的内心，我最渴望什么，最讨厌什么；也就是学会推己及人，"己所不欲，勿施于人"，"己欲立而立人，己欲达而达人"。我喜欢自由，我也在和人相处时给他人自由感；我渴望被欣赏和尊重，我也要学会欣赏和尊重别人；我渴望远小人近君子，我就努力做一个远离小人的君子。

"道"原来就是为我们指引人生道路的方向和途径的。行"道"才能找到人的终极归宿——幸福。"道"的尽己之意在王阳明的"致良知"中也得到了充分体现，"致良知"就包含尽自己的能力完成对美好人性中真、善、美统一的终极追寻之意。今天对良知认识到这个程度，就根据今天的认识和能力扩充到底，明天对良知又有新的省悟，就从明天的认识和能力扩充到底。"道"的推己之意又让我知道"不义而富且贵"为什么是长久不了的，因为"货悖而入者，亦悖而出"。

在当"山村男教师"的日子里，我对中国古典哲学有了浓厚的兴趣。中国优秀的传统文化使我坚信一个人如果有了内在心灵安静的能力，快乐就会"为有源头活水来"，不用向外寻找，精神、心灵也能达到这种快乐的境界。每个人都可以找到自己相对最佳的自我实现之路，"道"让我明白人个体的特质中天性、天分的不同和成长的环境的差异会导致每个人命、运的不同。确实，人的天赋有高有低，运气有好坏，但只要尽人力开发属于自己的**先天和后天有利条件，以"良知"为圆心，以自己努力后动态的"良能"为半径，就都能画好自己人生完美的圆。**圆的大小不一样没关系，人生的圆满程度是可以一样的，收获的人生喜悦、快乐、幸福的比例也是可以一样的，就像小金粒和大金锭质量可以不同，但有同样的纯度一样。"苔花如米小，也学牡丹开"，这样的人生态度能带给我一种持久的内在的自足感，什么情况下都可以让自己的灵魂活得"漂亮"，不是证明给别人看，而是活给自己的命运看，甚至在逆境当中变得越发强烈。即使是人的本质的综合作用力这只命运之手把我推到最低的人生境地，我也要活出属于自己的人生最高境界。这种乐观豁达的生活态度可以赋予生命永恒的价值。"道"让我明白做到"忠恕"统一的人生才是最成功的人生，"己欲立而立人，己欲达而达人"，这时你会得到《论语》的灵魂——得道后安详的喜乐。像下面这首小诗所写的一样活着。

我和谁都不争

和谁争我都不屑；

我爱大自然，

其次就是艺术；

我双手烤着，

生命之火取暖；

火萎了，

我也准备走了。

中国传统文化中儒家的喜乐、道家的审美都让我思绪绵绵。儒道互补的文化内核让我知道人类生存智慧越是高明，其生活姿态也越将是两极表现的结合，是知足常乐和不知足常乐的有机统一：一方面将生命投入勃勃的创造活动之中；另一方面把心境引入悠扬的田园牧歌式的状态之中。

我在山区一边教书也一边体会"孔颜之乐"与"曾点之乐"，想找到孔夫子"乐以忘忧，不知老之将至云尔"的快乐源泉。我觉得所谓"仁者乐山"，就是仁者的快乐会像大山一样，不管外界凄风苦雨如何吹打而巍然不动，永恒、宁静、祥和。"智者乐水"，就是智者的快乐就会像山里有源头的泉水一样，跨越外在的沟沟坎坎，源源不断欢快地流淌。仁、智两种乐本质上实际是相同的，就是要做到"足乎己无待于外"，因为我们从事许多活动，其外表成功，大多有赖于各种先天和外部条件的配合。但是，先天和外部条件是否配合，不是人力所能完全控制的。因此，人所能做的只是："尽人力，听天命。"结果不是我完全可控的，但我能充分发挥我所掌控的因素让生命过程足够精彩，能够这么做，人就不必拳拳于个人的最后得失，也就能保持快乐，故"仁者不忧"，这样做的人即使外人"不堪其忧"，他也会"不改其乐"。

这些先哲的人生智慧，让我喜欢上了哲学，也成了我后来自学考取北京师范大学哲学系的最大动力，在我后来的生命中遇到挫折和磨难时，这种人生的大智慧就是我的精神支柱，带给我极大的感情慰藉，帮助我进行心灵的自我救赎。在北师大哲学系，对我人生影响最大的是人性、人的本质理论的系统学习，人性学习让我树立自由而全面发展的人生目的；也使我坚定了小我大我统一、自身完善和人类幸福统一的人生价值追求；让我觉知如果一个人修为不够、格局小、境界低、眼界窄，那么人性的弱点——大到贪婪小到虚荣都会被命运之神抓住，看似偶然实则必然地让你付出惨痛的代价。人的本质理论的学习则让我找到了实现人生目的和价值的途径——知行合一的实践活动，也让我树立了追求而不强求，为所当为、顺其自然的人生态度。系统的理论学习让我知道唯物和唯心之辩不是时间在先而是逻辑在先之辩，判断在一个事物的发展过程中或在不同的领域中，"心之力"起多大作用是人世间最复杂的事，要在实践中"因事而化"，"因时而进"，这才是实事求是、具体问题具体分析的本质。系统的理论像一条逻辑红线，让我把之前学的传统文化当中的智慧的珍珠串成了一条项链，有了理论思维的自觉。正像恩格斯所说的，"一个民族要想站在科学的高峰，就一刻也不能没有理论的思维"。什么是理论思维？我们认识事物是什么，本质是什么，得到的成果就是理论，我们拿这个理论去解决问题，那么理论就变成了方法，理论思维就是以理论框架为工具解决实际问题的过程，这个过程就是理论思维方法。唯物辩证的理论思维是迄今为止人类理性智慧的高峰。这也体现在毛泽东于1937年7、8月写的《实践论》及《矛盾论》中，"两论"思想的精髓从方法论角度看就是《矛盾论》中讲的辩证思维方法和《实践论》中重视调查研究的实践观。这种知行合一的实践观，让我知道离开实践活动的舞台，空谈辩证就是玄虚，没有一点意义，是一堆正确的废话，是貌似辩证法、实则形而上学的思想方法。唯物辩证的原理只有同具体的实践相结合才能被真正把握。《易经》的方法论意义谈的就是在实践基础上的阴阳辩证。《易经》洁净精微，但离开实践的舞台就会是"其失也，贼"。离开唯物讲辩证易愚狂，不会辩证的机械唯物易愚呆，会犯"本本主义""经验主义"的教条错误。科学理论的学习让我对中国优秀传统文化的理解上了一个高度，从理论的高度理解传统文化中的"道"，就明白这个"道"就是人的本质力量的显现，就是在正确价值观的引领下，让人性的饱满度在人的本质力量作用下永远处于相对最佳状态，也就是在无法超越历史局限性的当下把主观能动性发挥到最佳。这样幸福快乐就是"吾性自足"的无漏之乐，幸福快乐之门的钥匙就牢牢地掌握在每个人自己的手中了。大学的学习使我坚信人性观、人的本质观既是人文社会科学的逻辑起点，又是科学的方法论。人就是在从事实践活动的过程中不断生成的历史存在物。人正是由于天赋差异、社会关系的不同、努力程度的不同，才构成不同的社会实践活动从而形成自己独特个性的。人的一生正是人的本质力量使人性不断发展变化的过程。人性、人的本质是我们认识人和社会的一把钥匙，也使我对幸福和快乐的认识上了一个新的阶梯。人只有找到自我价值和社会价值统一的最佳实现方式，把有限的生命融入无限的"致良知"的实践活动过程中，才会有源源不断的快乐幸福。人的本质学说揭示了人性发展变化的规律，为我提供了分析解剖一切社会和人的问题的工具。以此为逻辑起点和基石建立起的理论体系，可以说奠定了我人生观的理论基础。站在理论思维的制高点看问题，有学理依据做基础，才不会让人生的航向被"毒鸡汤"带偏；才不会在人生重大的选择上出现不可弥补的惨痛教训；才能在当今海量的信息中不人云亦云、盲目跟风，保持定力。人性、人的本质理论为我指明人生之路的方向和途径。人生前进方向的指针就是"人类的幸福和我们自身的完美"。理解幸福最透彻的理论说到底也是人性、人的本质的理论，需要的结构就是幸福的结构，幸福就蕴藏在人们自然属性、社会属性及精神属性三个方面的需要得到自由而全面的发展中。幸福就是以自己的能力使这三者达到和谐统一的发展与满足，就是正当的物质生存需要、社会性关系需要和成长性精神需要的满足。它们构成每个人人生的三大家园：生存家园、感情家园、心灵家园。自由之精神，平等之人格，健康之体魄就是人类三大永恒的追求。人性有三个层次：一是生物性，即食色温饱之类的生理需要，满足则感到肉体的快乐与幸福；二是社会性，比如交往、被关爱、受尊重的需要，这些都是人最重要的感情需要，满足则感到感情的快乐与幸福；三是精神性，即渴望智慧、审美、自由和灵魂追求永恒的需要，是真、美、善三者的统一，满足则感到精神、心灵快乐。生物性是肉体快乐之源；社会性是感情快乐之源；精神性是心灵快乐之源。人的本质是实践活动，人的实践活动在结构上是主观能动性与客观制约性的对立统一。这也是构成了人生发展变化的一对基本矛盾：客观制约性让我们认清自我先天素质和后天条件同别人的差异；主观能动性让我们积极追求，焕发出自己生命的勃勃生机。人的本质实践活动是实现人生目的和价值的途径，同时人的本质理论也让我们知道追求而不强求，为所当为、顺其自然才是最适度的人生态度，在自己的能力范围内，在不妨碍别人的前提下，按照最适合自己的生活方式喜乐地度过自己的一生，走自己特色的人生之路，积极而乐观地走在自己的人生旅途上！当遇到挫折失败时既不会怨天尤人也不会自怨自艾，既不盲目横比也不盲目纵比，按照人的本质力量推动的节律，在自己能力和兴趣的范围内寻找生命快乐永不枯竭的源泉。这就是我理解的无悔的人生。

本书中的思想、感悟是我成长过程中不断寻求自我的一个总结，也是指导我生活实践的生命哲学。本书中肯定有许多我人生的"盲点"带来的局限，希望知心朋友能给我指出。最后我真诚地感谢中国政法大学协同创新中心，中国政法大学出版社对本书的编写出版给予了支持；出版社副社长阚明旗，责任编辑艾文婷、郭柯一、好朋友汤强为本书的出版付出了辛勤的劳动，在此深表谢意，一并感谢为此书出版给予帮助的家人和朋友。

段志义

2020 年秋于军都山下鹊巢书屋

Contents 目录

导 言

　　本书的结构分为四个板块：人性论、本质论、价值论、幸福论。人性论中人的生存、享受和发展需要，是一切价值判断的最终尺度，是价值论和幸福论的理论基础。人的本质则侧重为我们提供一种指导人的认识和实践的科学的辩证唯物主义的思维方法，不是实体性思维，而是发生学意义上的实践思维方法。什么是思维方法？我们认识事物是什么，本质是什么，得到的成果就是理论，我们拿这个理论去解决问题，那么理论就变成了方法，理论思维就是以理论框架为工具解决实际问题的过程，这个过程就是理论思维方法。人性是本书结构的出发点，思考人生，树立正确的人生观，首先需要对"人性""人的本质是什么"有一个科学的认识。马克思的人性、人的本质思想是我们树立正确的人生目的、人生价值、人生态度的理论前提，是建立人生观的理论基石。西方政治、经济学的理论基石总的出发点离不开经济人的人性假设，马克思主义关于人的学说总的出发点也是人，是现实的人及人的实践本质，这是马克思人学理论体系的基石。马克思在批判抽象人性论的前提下，提出了科学的人性，人的本质理论。这里的人是现实的、具体的人，不是经济人假设所认为的抽象的、永恒的人性。马克思认为作为现实人性内涵的人的需要是动态变化的，因为影响人性变化的人的本质——社会实践活动是动态的。进一步分析，人的实践活动是一个系统，实践是人能动改造世界的系统活动，有生物性因素、社会性因素、意识性因素参与其中，人性的发展变化是系统内各个因素相互之间合力作用的结果。在这种相互作用中，除了少数白痴和天才外，生物性遗传因素因子在人性变化中的影响力不是决定性的。而意识性又是第二性的，不能用思想意识解释一切，决定思想动机的"动力的动力"，是人的活动中不依人们主观意识为转移的人的社会物质生活条件。人为了生活，首先就需要满足生活的资料，因此，人的第一个活动就是生产满足这些需要的生活资料，人们为了生产必须发生人与自然的关系，进而发生人与人的关系，马克思揭示的人的本质力量中最重要的一股力量就是"在其现实性上的各种社会关系总和"。马克思以此为逻辑起点科学地揭示了人的发展和社会发展的动力，"由此可见，人的制造工具和创造符号的能力以及由于这种能力的社会遗传所体现出来的社会关系就造就了人类超出动物的内在机制"。[1]这样我们就可以通过发展生产力，变革生产劳动实践；改善生产关系，变革社会关系实践；从而改变人性，使人性"自由而全面发展"。这就是马克思人学学科理论体系内在的逻辑关系。人性论是静态考察人是什么样子的

---

〔1〕 袁贵仁主编：《人的哲学》，工人出版社 1988 年版，第 74 页。

理论，在人性问题研究上要坚持抽象与具体相结合的方法。从认识的逻辑起点上讲，对人的理解，首先应从认识人的类特性开始，即从使人和动物区分开来的、使人成其为人的类特性开始。类特性揭示人性是一切人普遍具有的共同属性的总和，是自然属性、社会属性、精神属性组成的一个系统。研究人性从方法论上必须对人性进行科学抽象，否则没办法研究。本书对人性科学抽象和抽象人性论的本质区别进行了甄别，抽象人性论是对人性进行了非科学的抽象，如脱离社会关系对人进行孤立的、静止的、以点带面的抽象；研究人又必须对人性进行科学的抽象，就是对人的"类特性"进行研究，对人性进行科学抽象是把握现实的人的第一阶段。但是人的类特性只停留在抽象共同性的水平上，它对揭示具体的和现实的个人，是无能为力的，如果我们要理解人的个性在现实社会中的状况和发展过程，就必须深入到人的本质的探讨中。

类特性在马克思那里指人的本性，它主要包括自然本性、社会本性、精神本性，本性不等于人性，人的一般本性是一种形式上的抽象的规定性。由于人本质（即实践活动）的作用，人的历史的变化了的本性即是人性。所以，人的本质是本书论述的重中之重，人的本质是人性变化的动力之源，是揭开人性之谜的钥匙。人的本质，简单地说就是实践活动，人性是一种存在，人的活动不断地改变着人的存在。"西方传统哲学长期以来秉持实体主义的思维方式，已经习惯了超历史地预设人的本质，在马克思那里人在很大程度上是由实践来定义的，实践体现人的本质属性，实践是人的根本生存方式和人把握世界的基本方式，在实践的动态发展过程中人得以逐渐生成。马克思颠覆了传统哲学对人的本质抽象的形而上学的阐发。"[1] 人很大程度上是由实践来定义的，黑格尔也说过这样的话，每代人只能从自己的经历中长大。

　　抽象本性在人的本质力量的作用下表现出具体的人性，人的本质是人之所以成为人的根据，人性是由人的本质所决定的，由人的本质产生的。人的本性是人的一切行为的原始根据，人的本质则是决定人发展变化最根本的动力，**离开人的本质说人性，必将陷入抽象的议论**。只看到抽象的本性或只看到具体的人性都是片面的。

　　人的本质是人得以存在和发展的一个依据，因此对人的本质的内容之揭示，必然为分析研究人的问题提供了一把钥匙（方法论），也是最终破解人性之谜的一把钥匙。人的本质是人怎样确定自己生命活动中的基本形式的问题。实践活动体现人的本质属性，从人类在实践活动中的状态来看，人在既得力量的基础上发挥主观能动性推动人的发展变化，这种既得力量就包括人继承的遗传因素及继承的社会物质生活条件因素和社会关系因素，这里面不依人的主观意志为转移的条件就构成人发展变化的客观制约

---

　　[1] 邹广文、刘文嘉："回归生活世界——哲学与我们时代的人生境遇"，载《杭州师范学院学报》2005年第6期。

性，实践活动是主动性和受动性的统一。实际上人的本质研究的是人生动力论问题，我们必须从人自身的矛盾性去寻找人发展变化的动力，推动人发展变化的内在动力就是在实践活动中蕴含的人的主观能动性和客观制约性的矛盾运动。只要人类存在，人的实践活动就是一个永无止境的过程，人正是在这种永无止境的实践中，走上一条与动物那种一切由遗传基因决定，因而没有发展余地的进化死胡同截然不同的道路。这是一条永无止境的发展道路。所以，人性永远处于未完成状态并永远处于生成之中，人就在主动性和受动性这对人生的基本矛盾的运动过程中不断创造新的自我。科学的实践观既同忽视主体性的旧唯物主义区分开来，又同过分夸大人的主体性的唯心主义区分开来。人既是"剧中人"又是"剧作者"，人既被环境创造又创造环境，世界改变着我们，我们也改变着世界。许多困扰思想家的"先有鸡还是先有蛋"这样的二律悖反的问题在马克思人的本质理论面前迎刃而解。任何人，无论他们的意愿如何，都只能把前人的活动结果作为自己活动的前提和出发点，在前人活动的基础上安排他们的活动。归根结底，人生的早期社会存在对人的发展变化一般表现为主要的、决定性的作用，谁不承认这一点，谁就不是唯物论者。然而，在一定条件下，如当一个人"三观"逐渐建立成熟后，其思想意识、理想信念等又转过来表现为主要的决定的作用。在发展不平衡的环境下，先进的、正确的思想观念的学习在一定条件下对国家的发展和个人的成长进步起决定作用，就像毛泽东在

《矛盾论》中所说过的一段话:"生产力、实践、经济基础,一般地表现为主要的决定作用,谁不承认这一点,谁就不是唯物论者。然而,生产关系、理论、上层建筑这些方面,在一定条件下,又转过来表现其为主要的决定的作用,这也是必须承认的。"这种倒果为因、互为因果相互作用的现象是人的本质的矛盾运动双方辩证关系的体现。在人的立德、立功、立言不同实践活动领域,主观能动性的范围和作用力大小也是要具体问题具体分析的。因此,要学会因事而化,因时而进,不理解这一点人的思维就会陷入"形而上学"的泥潭和"二律悖反"的窘境。

人的本质决定人性的动态变化,它研究人之所以是现实生活中这个样子的原因。如果说人性是"知其然",人的本质就是"知其所以然",本质回答的是"实存的根据",是我们分析人的命运之谜、性格形成之谜、成败得失之谜的一把金钥匙,是人学的核心。一个人对人性的理解决定他人生的方向,而人的本质则决定人生之路的途径。

人的价值研究人应然的状态,人的价值这个命题就是使人成其为人。一般人会对此产生困惑:我们本来就是人了,怎么还要成其为人呢? 前一个"人"是指我们每一个有生命的个体,而后一个"人"则是价值概念,指完善的人、全面发展的人,价值论研究的就是怎样使人成为真正意义上的人。价值观是一个人人性观的外在表现形式,核心是人的自我价值和社会价值的统一问题,是"人心"和"道心"的统一问题,是小我和大我的统一问题，是个体幸福和民族复兴、国家强盛的统一问题。只从个人角度看问题的致命弱点是视野窄、格局小、境界低；只从国家角度讲宏大叙事，不联系个人成长和个人生活微观化的需要，就会让人产生隔离感，不接地气。我们追寻的价值初心一定是人民幸福和民族复兴的有机统一，我们传统文化中的仁、义、道、德从字源上探究都包括立己和立人的有机统一。这个核心问题的第二层含义就是只有时刻把小我的追求融入大我之中，才能使人生追求眼界宽、胸怀广、境界高、格局大，大我是为了人民更全局和持久的幸福。所以，当大我和小我的价值追求发生不可调和的冲突时，要牺牲小我成就大我，这才是正确的价值观。没有正确价值观的指导，人类就会出现"没有良知的快乐，没有原则的政治，没有劳动的富裕，没有是非的知识，没有道德的商业，没有人性的科学，没有灵魂的美丽"。

幸福则关注人们的终极追求，当人们试图追求幸福理想的时候，就不得不研究一个最基本的问题：幸福是什么？我们首先要知道幸福观和幸福感是有区别的，幸福观是哲学意义上的理论，幸福感是心理学意义上的主观体验，有自评性。心理体验虽然是主观的，但体验的条件是客观的，所以，从心理学角度研究幸福问题同样是基于对人性、人的本质的理解。要想知道幸福的本质是什么，首先要对它的理论基础、人性、人的本质加以厘清。人性让我们看到幸福的条件，从静态方面看，人性的层次就是幸福的层次，需要的结构就是幸福的结构，马克思的幸福观的核心就是人的自然属性、社会属性、精神属性自由而全面的发展。从国家的层面看，自然属性的全面发展大体对应我们的经济建设和生态文明建设；社会属性的全面发展大体对应我们的社会建设和政治建设；精神属性的全面发展对应我们的文化建设。从个体的角度看，周国平也说过，每个个体的人性有三个层次：一是生物性，即食色温饱之类的生理需要，满足则感到肉体的快乐与幸福，所以，健康和一定的物质保证是幸福的基础层次，这构成人的生存家园。二是社会性，比如交往、被关爱、受尊重的需要，满足则感到感情的快乐与幸福，这构成人的感情家园。社会性告诉我们，美好幸福的生活需要强有力的社会制度的支撑，广泛民主基础上制定的公平、公正的社会制度对幸福十分重要，其中崇高的道德和公正的法律制度对幸福美好生活尤其重要。社会性还告诉我们人类必须结成命运共同体才能生存，民族复兴和人民的幸福是紧紧联系在一起的，中国和世界也是紧紧联系在一起的。三是精神性，人有渴望智慧、审美、自由和灵魂追求永恒的需要，满足则感到精神的快乐与幸福，愉悦健全的精神是幸福最重要的内在品质，心灵的充实是幸福的最高层次，这构成人的心灵家园。三个家园都圆满，人生才是圆满的，任何一个家园不圆满人生都会痛苦，生存无保障、感情无寄托、精神空虚无目标就是现实人生的三大痛苦之源。三个家园的分数都不错，你的综合幸福指数才会高。人生需要的每个层次都具有目的性和手段性双重功能。从动态的人的本质角度看幸福，人的本质力量决定我们幸福的能力，人的本质告诉我们世界上没有一劳永逸的终极幸福，人只有在不断的实践发展中才能获得真正的幸福，人只能在主观能动性和客观制约性的实践活动中追求人们的幸福美好生活。永葆"日日新"的精神青春活力是幸福永不枯竭的源泉。每个人根据自己对人性的理解形成自己的价值观，又通过人的本质力量这个途径实现自己的价值追求和幸福意愿。所以，**本书的研究以现实人性为起点，以人的本质为核心，以人的自由、全面发展为价值归宿，以人的幸福为终极追求，探索人生之路的方向和途径。**

第一章　走进人性结构——人的需要

从个人角度而言，人性、人的本质理论是人生观建立的理论基石；从社会角度而言，在每一次社会大变革的前夕，也往往伴随着关于人性、人的本质问题的思想解放的大讨论，思想解放运动往往直接关系着社会改革的着力方向，起到社会变革思想"发动机"的作用。在西方的文艺复兴中，人的解放运动唤醒了种种外在压抑之下的人的潜在的自我意识，使人自身的本质力量得以发挥，拉开了世界现代文明的大幕。近现代后起国家的发展、民族的振兴往往体现这样一个规律：以思想解放、文化创新为先导，然后进行制度体制的创新，点燃人们科技创新的热情，推动生产力的发展，促进社会的进步、人性的解放。再看我国春秋战国时期也有对人性问题的百家争鸣，给中华民族留下了最灿烂的思想瑰宝。五四新文化运动这一人性解放运动则起到了现代思想启蒙的作用。改革开放时也是如此，1978 年 5 月 11 日《光明日报》发表的涉及人的本质和人的认识的《实践是检验真理的唯一标准》一文，拉开了把整个民族从多年禁锢僵化的思想中解放出来的思想解放的序幕，对中国人的经济、政治、精神生活产生了巨大的影响。1993 年在新加坡举办的第一届国际大专辩论赛的决赛辩题通过在全球华人圈征集筛选，最后确定的也是人性本恶还是本善之辩，这是个从春秋战国时期到今天都古老而常新的辩题。实际上，无论"人性本善说"还是"人性本恶说"，都没有明白善恶的辩证关系，长期受到形而上学的影响，认为存在着永恒不变的人性，对于这种不变的人性，有人认为是善的，有人认为是恶的。马克思的人性、人的本质理论为我们解开人性善恶之谜提供了一把钥匙。马克思的人的本质理论科学地回答了人之所以表现出善恶的动因，本质是一事物区别于其他事物的根据，回答"何以是"，追问事物之所以是这样的原因，本质回答"实存的根据"。马克思认为，"需要即人的本性"，单就人的需要本身来说，是无所谓善恶的，人不具有先天的善性或恶性，而现实中的人，是在一定社会关系中实践着的人，满足需要的手段在人的本质力量的作用下，不仅可能是善的，也可能是恶的，或者是有善有恶。从社会发展的历史来看，人类在早期生存发展过程中，慢慢意识到只有学会节制才能使人类利益最大化，节制产生我们所说的"善端"。辛世俊撰文指出，"人作为历史的存在物，始终是未完成的，始终处于不断提升自己的过程之中"。[1]人的提升表现为三个层面，分别为人与自然层面、人与人层面、人与自己精神层面。对欲望合理节制是全世界在社会制度设计和精神引领方面要面对的重要使命和长久的课题。良法、美德、劝人向善的信仰就是要从自然属性、社会属性、精神属性三个维度规范引领人性向善的方向发展。

---

[1]　辛世俊："论人的提升"，载《郑州大学学报》2005 年第 1 期。

人性的概念，有两个既相互联系又相互区别的内容：一是共同人性，即贯穿于一切历史阶段的、使人区别于动物的特性，也就是马克思所说的"一般本性"；二是具体人性，即一般本性在不同人身上的具体表现。**人性的结构**就是指人从一般本性上表现为一个由自然属性、社会属性、精神属性组成的系统，人性会发展变化，但人作为"自然生命、社会生命和精神生命的统一体"，[1]是不会变化的，变化的是三者在结构中的地位，如人的自然属性在自我调节过程中越来越诉诸精神和文化的因素就是一个趋势，也就是说人的精神属性的增强与丰富是人性发展的趋势。人是自然、社会、精神三位一体的存在物，因而人同时具有自然、社会、精神三种不同的需要。自然需要是人作为自然界长期发展的产物和自然的组成部分，人必然以其原始的生物性的需要作为自己的起点，逐步提升到归属与爱（社交）、尊重等社会需要，再提升至求知、审美、自我实现的精神需要。这表现为人一生都在给自己建立三大家园（生存家园、感情家园、心灵家园），社会也就可归类为三大领域（经济、政治、文化）。人类文明最早表现的也是这三个方面的同步发展，谋生技能为生存、语言交流为情感、图腾崇拜为心灵。人类的生活如梁漱溟所言也分为三个方面：精神生活、社会生活、物质生活。由于需要就是人的本性，所谓人性的异化就是需要的异化，不合理的、不健

---

〔1〕 郝志军："基础教育课程改革问题的人学检视"，载《天津师范大学学报（基础教育版)》2008 年第 1 期。

康的需要就是异化的需要。马克思说："他们的需要即他们的本性。"[1]所以，要想深入地研究人性的内容就要首先研究人的需要。

一、人生需要概述

（一）需要的含义

需要是个人、人类为了其生存和发展，对有机体自身内部和外部客观条件的依赖与需求，需要的客观内容和这种客观内容在人脑中的反映的主观映象，两方面是统一在一起、密不可分的。因为，任何一个真正的需要，它不可能只是客观的需求，而不反映到人的大脑里；更不可想象它只是一个反映到大脑里的主观映象，而不需要其真实的客观实在。所以，只有涵盖主客观两方面内容的定义，才全面地体现需要这一概念的全部内涵。

（二）人生需要的产生与发展

人生需要是怎样产生，又是怎样发展的呢？这个问题，需要从两方面分析并予以回答。一方面，从主体人自身说，人是地球上最高级的生物，是由肉体的生理机体和寄寓于这一机体之大脑

---

〔1〕《马克思恩格斯全集》（第3卷），人民出版社1960年版，第514页。

的思维能力结合在一起构成的极其复杂的客体，是物质发展的最高产物，恩格斯称之为，"地球上最绚丽的花朵"。这个复杂的客体自身有着产生各种需要的机能。另一方面，人又生活在极其复杂的自然和社会条件之中，外部世界的各种信号、刺激，都会以各种各样的形式作用于人这个复杂的客体。就这样，人自身内部各要素之间相互作用，人这个复杂机体又和外部自然的、社会的各种因素之间相互作用，主体接受外部世界的种种刺激，从而产生了无数这样那样的需要。但是，不管是机体内部各要素之间的，还是机体与外部世界之间的复杂多样的相互作用和刺激，其中心的、起主导作用的是人、人类社会为了生存和发展而从事的生产劳动以及与生产劳动有关的各种社会实践。生产实践使人成为人，生产实践使人的需要不断得到发展和提高，使人的需要真正成为人的需要。需要产生和发展的具体过程如下：人要生存和发展，这就产生了对机体内部和外部条件的依赖和需求，这种依赖和需求使人产生一种欠缺或匮乏的生理和心理的紧张状态，并形成一种内驱力。对这种内驱力，哲学上称其为摄取状态，心理学上称其为动机。有了动机，就要寻找和选择目标，这就是目标导向活动。目标找到了，接着就开始进行满足需要的目标行动。最后，目标达到，需要得到满足，紧张状态消失。这一系列活动形成一个有机的链条，即动机—导向—行动—满足—紧张状态消失，需要与满足需要的一个周期完成了。这样，需要—满足—新的需要—新的满足……周而复始，以至无穷。达到一个目标，又开始一个新的目标。整个人生过程，就是一个不断产生各种各样的需要，需要又推动人们去从事各种各样满足需要的活动的过程。人生过程，就是一个不断产生需要，又不断满足需要的发展过程。从人生需要的产生与发展看，它有两种形式：一种是重复性的，如吃、喝、睡眠等。这种形式是产生—满足—再产生—再满足，周而复始、循环往复，一个周期结束了，新的周期又开始，只要人活着，就会这样永无止境地进行着，这一活动一旦终止，人也就死了。另一种形式是进展性或发展性的，如求知、审美、成就等需要。这是一个进展型的螺旋式上升的过程、发展的过程、不断提高的过程。人的需要，就在这个不断产生与不断满足需要的过程中，得到充实、丰富、发展和提高。由此可见，正是人的无止境的需要，推动人们不断地为满足需要而奋斗，在这一需要不断产生与经过奋斗使需要得到满足的过程中，人自身得到发展与提高，因而人不断超越自我，向全面发展。同时，也就创造了人类社会发展的光辉历史。

（三）人生需要的基本特征

社会性、时代性。这是说，人来源于动物界，但人一旦会制造生产工具，使用生产工具从事改造大自然的生产劳动，就逐渐脱离动物界，创造了人类社会。所谓人类社会，实质是以生产关系为基础的、纵横交织的人与人之间的交往关系。每一个人都是种种社会交往中的一分子，是所处一切社会关系的承担者。这样，人就不再是自然的人、生物学上的人，而是在自然基础之上的社会的人。社会性使人成为真正的人。因此，人的需要，除某些只是维持生命需要的自然需要外（其实，这种需要也已为社会所冶炼了，渗透了社会性的新质），就都是社会的需要了。首先，人的需要同社会的发展是同步的，即社会发展到什么水平，需要也就具有什么时代的特点，脱离开时代的需要是不现实的，也是不能实现的。古代人与现代人的需要不同，就是 20 世纪 70 年代的人与 80 年代的人结婚需要的"三大件"都不同。其次，人的需要的内容具有社会性。不管是生产劳动、科学研究，还是公共生活等，都是高度社会化的。即使是自然需要，同动物不同，也是社会化了的。例如，吃饭是为了充饥，但人同动物有着根本的不同，人除了吃饱充饥以外，还讲究和什么人吃，在什么心情下吃。总之，人的需要都社会化了。再次，个体需要同社会的需要是紧密交织在一起的。因此，个体需要的满足也必须通过社会的实践才能实现。这一点，越是往现代化发展，就越是如此。如果说古代以部落为单位就能生存，现在闭关锁国就不能很好地生存和发展。

发展性、递进性。这是说，人的需要是随着社会的发展而发展的，而且这个发展是无止境的。递进性的第一层意思是同级递进，如：原始人住山洞，现代人的住就很讲究了。递进性的第二层意思表现在从低层次需要向高层次需要逐步攀升。

多样性、差异性、优选性。如：有的人的需要侧重社会属性，有的人的需要侧重精神属性，有的人不善言谈，在社交场合愿意被人忽略，与大规模聚会的热闹相比，他们更愿意和一两个熟悉的朋友交流。这样的人认为大街上礼花般的霓虹灯、酒吧里梦幻般的西洋景，这样的花花世界是他人的，与喧闹相比，他们更喜欢静谧，喜欢在黄昏，在夜晚，一个人享受纯粹的素美。同样也不是每个人都以所谓的事业成功作为自己追求的目标，有的人可能认为平平淡淡才是真。在"鱼和熊掌不可兼得"时就表现出需要的优选性的特点了。

除此之外需要还有驱动性、阶段性、阶层性等特征，结合现实生活，这些都很容易理解，正因为人生不同阶段的主要需求不一样，所以孔子才说，"少戒色，壮戒斗，老戒得"。现在社会不同的阶层有不同的利益诉求，需要必然呈现阶层性的特点。

（四）人的需要的上升规律

虽然在每个需要层次内容的划分上有分歧，但我们都认为需要是逐级上升的。人的需要分优势需要和弱势需要，生存需要为优势时，情感和精神弱，但不是没有。不同时代、不同的人生阶段都会有不同的优势需要。

从物质、生存需要上升到情感、精神需要，这是需要上升的一般过程和"规律"，从个人的人生轨迹来看，多数人会表现为从追求外在物质走向追求内在精神的过程。但人作为一种有意识的动物，由于意识的调控作用，上升的过程也会有些特例。

（1）跳跃式发展。为了信仰甘愿忍受物质生活的苦难。

（2）层次横向膨胀。一般人应是低层次得到满足后向高层次发展，但也有人在低层次物欲享乐方面徘徊横向膨胀。

（3）层次有时会表现为下降和后跳。如一个人可能丧失进取心和精神追求，只图物质享乐。

二、人生需要的内容与层次结构

分析人生需要的内容及层次结构，从而找出人生需要的某些规律，可以给我们认识需要、满足需要以一定的指导。

人这个极其复杂的生物机体，生活在自然和社会的纷繁复杂的环境之中。因此，他的生活实践必然是多种多样的，内容是十分丰富的。那么，其人生需要也一定是丰富多彩的。不同的学科，可以从不同的角度进行多种多样的划分和说明，我们这里主要从人性结构的角度谈需要的分类。

从人性结构的角度可以把需要分为自然性需要、社会性需要、精神性需要三大类。

（一）自然性需要

自然性需要是由人的自然属性所决定的，如对食物、饮水、空气、运动、休息、睡眠、排泄的需要等。马斯洛需要层次中的"生理需要、安全需要"就是此类需要，如果这些基本需要得不到保证，人就会死亡，种族就会灭绝。这些需要也相当于马克思所说的生存需要，这是从"生活资料"中概括提出的。生存需要是指作为生物个体的人，为了维持生命活动和繁衍后代的最基本的需要，包括人们对饮食、衣着、住所、安全、健康、繁衍后代等方面的最起码的生活资料的需要。这是人赖以生存和延续下去的基本前提，也是所有其他一切需要的基础。这一需要在人类诞生之初，是其生活的主要内容，甚至全部内容。生理需要成为人的主要动机时，其他需要可能会退居幕后。

马克思指出："任何人类历史的第一个前提无疑是有生命的个人存在。"〔1〕"现实的人"作为自然的存在物，"**为了生活，首先就需要吃喝住等以及其他的一切东西……现在和几千年前都是这样**"。〔2〕从历史发展的前提和基础的角度看，物质需要无疑是最基础的；但是，从历史发展的归宿来看，精神需要将越来越重要。在历史的漫长道路上，自然属性在自我调节的过程中越来越诉诸精神和文化的因素。这虽然并不意味着自然属性在人性结构中没有地位了，但却表明它在人性结构中的地位发生了变化。

在这里，我们把人的自然属性当作研究全部人性的现实的和逻辑的起点，就是在强调人与动物界的连续性，就是为人类社

---

〔1〕《马克思恩格斯全集》（第3卷），人民出版社1960年版，第23页。

〔2〕《马克思恩格斯选集》（第1卷），人民出版社1995年版，第32页。

会、为人性找到进化的源头，不至于把人类说成是可以脱离自然而存在的某种超自然的东西。人区别于其他自然物是由于人在自然界当中经过进化而形成了独特的存在方式。但是，人们的自然属性，毕竟仅仅是人性的起点。在展开这个问题之前，需要指出的是，虽然我们从人的自然属性入手（这是逻辑方法的要求），但实际上人类的三大属性不是由生物体质和结构所完全决定的。这些属性标志着生物本性与社会及文化经验要素交互作用的结果，在研究全部人性内容的过程中，都是以这种**交互作用**为背景的。人们在自然属性上的差别最小，在人类的初期更是如此。食欲、性欲和自我保存这三种自然属性，对于人来说是最基本的自然属性，从其起源和基础看，它们和动物性是相互沟通的；但是从其发展和表现来看，又有与动物完全不同的地方。因而不能将人的自然本性简单地归结为一般动物性，将其排除出人性。当然，说人的自然本性包含于人性，并不等于主张仅仅从人的生物习性来解释人性。因为动物也有食欲、性欲和自我保护本能。如仅仅停留在食色之性和防卫本能上，那么就无法说明人性与兽性的区别。在如何满足这些本能的问题上，人与动物有明显的区别，也就是说，人的自然属性中已经加入了社会和文化的因素。马克思告诉我们，吃、喝、性行为等，固然也是真正的人的机能，但是如果这些机能脱离了人的其他活动，使其成为人最后的和唯一的终极目的，那么它们就是动物的机能。很明显，在马克思看来，人的自然属性并非是人的自我认识的终点，而是出发点。这就是说，在自然进化当中，人的进化形成了他能够从事劳动活动和精神文化活动的生物前提。研究这些前提是我们认识人性必不可少的开端。

人性的自然属性让人首先要建造一个生存的家园，在这个家园中，一定的物质保障和健康的身体是最重要的，像人行走的两条腿。所以，《尚书·洪范》给出的五福序列是：寿、富、康宁、攸好德、考终命。"寿""富"是自然属性需要，"攸好德"是社会属性需要，"康宁"是精神属性需要，真正的康宁是在信仰支配下以审美的心态从事事业创新，"不知老之将至"，直到"考终命"。古人在五福中把"寿"和"富"排在前两位，这说明在人的自然属性需要所建造的生存家园中，健康及一定的物质保障是生存家园中最重要的因子，所以，树立正确的健康观和金钱观对幸福至关重要。

1. 树立正确的健康观

自然属性中健康的身体是幸福的根基，《尚书·洪范》中五福的头尾两福"寿""考终命"都涉及健康，**所以健康是贯穿人性所有层面的人生需要**。这虽然是古今中外一切人的共识，但是，现实中不考虑自身的健康而去敛财的人并不少。叔本华说过，"人类所能犯的最大错误，就是拿健康来换取其他身外之物"，有些人由于过分的奢求，用宝贵的生命作为代价，去换取并非必需的东西，为了身外之物奔波劳碌，这在很大程度上是由于人性中贪婪、敛财的弱点和爱攀比、尚虚荣、爱面子的社会心理。这种不健康的心理会产生超出自身合理需要的、只是为了和他人比优越的虚假需求。这种状况必须避免。人类幸福的影响因子是由多层级因素组成的，有的对资源的依赖性很强，有的处理得当并不需要耗费过多的资源，如健康、亲情，而相关研究表明，健康和亲情约占个体快乐影响因子权重的50%，并且国内外的情况是接近的。1999年盖洛普公司进行了有史以来规模最大的关于"生活中最重要的是什么"的一次民意调查，60个国家的5.7万名成年人参加，结果世界各地的人普遍认为，身体健康和家庭幸福比其他任何东西都更为宝贵。这些要素，资源成本不是很高。

每个人都是守护自己健康的第一责任人，但要真的守护好健康，却需要人生的一种大智慧。世界教科文组织对健康的定义是："健康指一个人身体、社会和精神都处于良好的状态。"在影响健康的因子中，有人认为遗传因素大约占20%，环境因素大约占20%，生活方式大约占60%。

人是肉体、感情、灵魂三合一的动物，有人说是疾病成就了作家，作家本人却说："如果让我在作家和没疾病之间选择，我宁愿选择没疾病，这种痛苦你再说感同身受还是隔了一层，哀乐是无法传授的。"健康的生命体验是真正的身内之物，在全世界关于幸福因子的调查中，无一例外都把健康排在第一位。有些某领域成功的人忽略健康导致其英年患大病或早逝，这些人不应该不懂得健康是一，其他都是后面的零的道理，那他们为什么还会长期透支生命，没能让自己的工作和休息平衡呢？就是因为他们过于追求某些方面所谓成功带来的精神亢奋的快感、因别人赞许带来的满足感，往往忽略了身体的疲劳感。一位病人在回想自己重病的原因时说："过去，我一直以为，压力必然伴随痛苦而来，超过自身承受能力的精神压力会让自己的免疫力下降是得病的重要诱因。"其实，人的喜、怒、忧、思、悲、恐、惊都会造成情绪压力，在亢奋的时候、思考的时候，因为我们喜欢做那些事，也喜欢那些感觉，所以不觉得那是压力。像我在演讲的时候并不觉得有压力，事实上我整个人的神经是紧绷的，因为要专注于如何表达，倾听别人的提问并思考如何回答，实际上，这也是一种另类的压力。凡事就怕过度，长此以往，肉体还没有从前一次应激中恢复过来，另一个又接踵而至，肉体的任何系统都可能被这种应激所伤害。应激反应伤害直接导致肠胃系统紊乱，在应激反应中还会损失胰岛素从而诱发糖尿病，应激反应还会导致血管收缩、血压升高，诱发动脉硬化、冠心病和心脏病，过劳死就是这样造成的，这也是有些人英年早逝的一个深层原因。人生的道理，貌似懂得很多，有时候，却把最要紧的忘掉。要强的心性可以成全一个人，也可以毁了一个人。热爱是最好的老师，因为成就事业需要初恋般的热情和宗教般的信仰、意志，但热爱是把双刃剑，过度劳累也可能在不知不觉中就摧残了你的身体健康，还让你欲罢不能！直到临终前想用得到的一切来挽回健康的身体而不可能时，悔之晚矣。人生的两个方面——工作与休息一定要兼顾，身体是革命的本钱。

在健康长寿的老人中，有的长寿老人爱吃肉，有的老人茹素；有的老人好运动，有的长寿老人喜静不喜动，这些看来都没有共性，因为每个人的情况都不同。那么，什么才是健康的关键因素呢？从人学角度看，正确的人生态度才是健康的关键因素，人生态度就是一个人以什么样的心态去追求人生目标。高寿老人有一个共同的特点，就是乐观的人生态度。所有的疾病从精神层面都来自内心不安详。如何才能有好心态？洞彻人的本质是树立乐观人生态度的理论支点，洞彻人的本质的人就会做什么事都会为所当为，自强不息，又知足常乐，顺其自然。人的累，生存的重压是原因之一，但对有些人而言则是来自攀比。人与人其实是没有可比性的，因为人的本质中的遗传条件不同，佛学所谓"慧根"不同，生物学所谓"DNA"不同，人的本质中社会条件也不同，即佛学中说的"机缘"不同，但只要我们充分发挥了在现有条件下的主观能动性，每个人都可以以良知为圆心，以良能为半径将自己的生命画成一个完整的圆，完整的大圆和小圆在收获生命的安详和喜悦时是一样的。一个人的能力取决于天赋、环境和自我努力三个要素，也就是要具备天时、地利、人和等诸多要素，所以只有树立追求而不强求的人生态度才能找到自我价值和社会价值的最佳结合点，让自己有一个好的心态以利于自己的身体健康。一个人从"而立"到"不惑"再到"知天命"的年龄，就是一个学会逐渐客观认识自己的过程，随着对自己的客观认识越来越清晰，这时人生的目标实际些，生活可能更幸福快乐。

2. 树立正确的金钱观

一定的物质保障对人的生存意义非常重大，幸福离不开一定的物质条件，物质需要的满足、物质生活的富足是幸福的重要方面，依靠自己劳动创造财富合理合法地获取金钱是幸福的物质基础。但人的幸福不能仅仅局限在物质层面，感情和精神生活是更高层次的幸福，所以，树立正视金钱的作用又能超越金钱的金钱观是一件重要的事。这里我们可以看看鲁迅的金钱观对我们的启示，"鲁迅对人的关注也有一个由简单到复杂、由单一到全面的渐次发展的过程，由初始的把人作为一种单纯的孤立的精神存在物来观照，再到最终对人的自然属性、社会属性、精神属性的统观，从而完成了对马克思所界定的完整的人的探求与建构"。[1]"马克思在对'完整的人'的界定中，把人的存在规定为人是自然存在物、社会存在物、精神存在物的统一体。因而，人就必然会具有自然属性、社会属性和精神属性。"[2]"人作为一个精神存在物，他首先必须是一个肉体存在，他有自己的物质欲求，而且个体只有在参与人类社会活动和群体活动中，只有在同社会的

---

〔1〕 宋洁："论鲁迅'人学'观念的现代转型"，载《山西大学学报（哲学社会科学版）》2007年第2期。

〔2〕 袁贵仁：《马克思的人学思想》，北京师范大学出版社1996年版，第58页。

关系中，才能获得精神存在，成为精神存在物。"〔1〕马克思指出："为了生活，首先就需要吃喝住等以及其他的一切东西……现在和几千年前都是这样。"〔2〕从历史发展的前提和基础的角度看，物质需要无疑是最基础的，这就告诉我们树立正确的金钱观是非常重要的，我们可以借鉴鲁迅的金钱观帮助我们树立正确的金钱观。

（1）**鲁迅的金钱观第一是对金钱表现出足够的理解和重视。**鲁迅先生看到真正自由的人，必须有基本的经济保障。他在《娜拉走后怎样》中写道："除了觉醒的心以外……她还须更富有，提包里有准备，直白地说，就是要有钱。梦是好的，否则，钱是要紧的。所以为娜拉计，钱——高雅地说吧，就是经济，是最要紧的了。自由固不是钱能够买到的，但能够为钱而卖掉。人类有一个大缺点，就是常常要饥饿。为补救这缺点起见，为准备不做傀儡起见，在目下的社会里，经济权就见得最要紧了。"〔3〕鲁迅在日记中写道："自由固不是钱能买到的，但能够为钱而卖掉。人类有一个大缺点就是常常要饥饿，为补救这个缺点起见，为准备不做傀儡起见，在当下的社会里，经济权就见得最要紧。现金应尽可能掌握在自己手中，这是积五十年之经验所发现，盼望你

---

〔1〕 宋洁："论鲁迅'人学观念'的现代转型"，载《山西大学学报（哲学社会科学版）》2007年第2期。

〔2〕《马克思恩格斯选集》（第1卷），人民出版社1995年版，第32页。

〔3〕《鲁迅全集》（第1卷），人民文学出版社1981年版，第161页。

也实行之。"对于生存状态的人而言，贫困是不幸的首要原因，超越了基本的生存需要以后，金钱对幸福的贡献度才呈现出边际递减效应。

鲁迅先生客观地认识到金钱对人的生存需要、安全感的需要、自由的需要都产生了极大的影响。应该承认，对于金钱，鲁迅先生的观点和主张，不仅睿智通达，而且坦诚实在，它足以赢得一切正视生存权者的由衷认同。

所以，现实生活中的鲁迅在做一些较大的人生选择时，也常常注意从生存和经济的角度考虑问题。譬如，鲁迅先生非常憎恶官场，尤其不满北洋政府的种种劣迹，但为了"弄几分俸钱"，养家糊口，他在教育部的公务员生涯竟长达 14 年。他在写给李秉中的信中说："人不能不吃饭，因此即不能不做事，但居今之世，事与愿违者往往而有，所以也只能做一件事算是活命之手段，倘有余暇，可研究自己所愿意之东西耳。自然，强所不欲，亦一苦事。然而饭碗一失，其苦更大。我看中国谋生，将日难一日也。"[1]

1926 年，鲁迅先生应林语堂之邀离开北京去厦门，固然是为暂避风头，但厦门大学开出的每月 400 元的高薪（毛泽东在北大当图书管理员月薪才 8 元），也不能不是一个重要的原因。因为此时鲁迅已在北京花 3500 元购置了房产，还要为和许广平安

---

〔1〕《鲁迅全集》（第 11 卷），人民文学出版社 1981 年版，第 620页。

新家打基础。

1927 年（鲁迅先生时年 46 岁）先生决定既不担任公职，也不舌耕辛苦讲课，而专事写作。鲁迅先生选择上海为定居地，一方面是因为上海便于用笔进行社会批判与文明批判，另一方面是出于经济和生存的盘算，这里有全国最早的报刊、书局，有利于用笔谋生。在写作过程中，鲁迅先生在坚持"君子爱财，取之有道"的前提下，切实维护自己应得的经济利益，为讨回北新书局长期拖欠的版税，不惜聘请律师打官司。这些都表现出先生清醒务实的经济头脑。

鲁迅金钱观的形成原因：①小时家境。13 岁祖父遭刑狱，家庭迅速败落下来。先生说："有谁从小康之家而坠入困顿的么，我以为在这途路中，大概可以看见世人的真面目。"这无异于明确告诉我们家庭境遇由小康而困顿的急剧变化。《呐喊·自序》中写道，"我从一倍高的柜台外送上衣服或首饰去，在侮蔑里接了钱"，这说明借钱无门，只好当东西，因而被人侮辱和蔑视。这让先生看到世态炎凉和金钱对人生的制约，从而引起了对金钱的理解和看重。②给家庭生存压力。舌耕（8 所学校兼课）、笔耕（稿费少则 1 个月多则 1 年给）和两个家庭（旧家即母亲和朱安）都不轻松。这些形成了鲁迅先生**"一要生存，二要温饱，三要发展"**[1]的人生观。《革命时代的文学》中说："一心寻面

---

〔1〕《鲁迅全集》（第 3 卷），人民文学出版社 1981 年版，第 51 页。

包吃尚且来不及，那里有心思谈文学呢？……有人说'文学是穷苦的时候做的'，其实未必，穷苦时必定是没有文学作品的，我在北京时，一穷，就到处借钱，不写一个字，到薪俸发放时，才能做文章。"

（2）**鲁迅先生的金钱观第二是有超越金钱的精神追求。**"一个人要生活必须有生活费，人生劳劳，大抵如此。有生活而无'费'，痛苦；有'费'而没了生活，便使人没人的味了。"先生在给许广平的信中说："厦大虽高薪但校风压抑，决定去中山大学，中大的薪水是二百八十元，还可觅兼差，这样收入已够用，我想此后只要以工作赚得生活费，不受意外之气，又有点自己玩玩的余暇，就可以算是幸福了。"有钱干和钱无关的事，鲁迅先生用自己的努力在生命实践中实现了情感和精神对物质的突围。

借笔耕和舌耕解决了生存压力的鲁迅，在情感家园和精神家园中收获很大。先生出资为萧军印《八月的乡村》，为萧红印《生死劫》，为曹靖华印《铁流》，还自由地写出大量杂文、美文。通过鲁迅先生的金钱观我们可以看到，鲁迅先生是重视金钱又超越金钱的。透过金钱观，可以看到鲁迅先生的幸福观。鲁迅先生不信奉"无苦无获"这样不会享受生活的苦行僧生活。鲁迅先生认为在经济条件允许的情况下要享受人生，但鲁迅先生并没有停留在此，而是不断追求更高层的情感和精神生活。因为鲁迅先生深知没有伟大的目标，没有追求，无所事事，及时行乐是一种伪幸福。超出基本生存需要的挣钱就应该是事业的副产品。

金钱在匮乏和"不够花"层面对幸福的影响还是很大的，在"够花"和"花不了"层面对幸福的影响是不大的。这就是金钱对幸福影响的边际递减效应。

在自然属性的需要中我们一定要树立正确的健康观和金钱观，这是人生存家园最重要的基石。

（二）社会性需要

这类需要是起源于心理因素和社会因素的需要，是超出人生理需要之上的需要。社会性需要中，人"最深切的需要之一就是与人亲近和交往"，[1]社会性需要从个人层面主要表现为马斯洛需要层次中的感情归属需要，家庭是老百姓最大的感情归属；其次是交往当中的友情和尊重的需要，自尊需要的满足导致一种自信的感情，使人觉得自己在这个世界上有价值，人要自尊就要尽力自我实现。社会性需要从社会层面表现为制度建设公平正义的需要。

（1）人的社会性第一层含义是相互依存性，人是感情的动物，人在世上是不能没有朋友的，不论天才，还是普通人，没有朋友都会感到孤单，绝大多数人也都会有自己的或大或小的朋友圈子。统计表明亲情、爱情和友情是人幸福最重要的因子，历史证明，人类文明中没有任何一种生活不是以社会的生活为基础

---

〔1〕 ［美］马斯洛等：《人的潜能和价值》，林方译，华夏出版社1987年版，第327页。

的。正如人一出生就具有自然属性一样，人一出生也一定处在特定的社会中，脱离了社会，脱离了社会化的存在，他就无法成为一个人。印度的"狼孩"因自幼失去了社会环境，最后变成人形野兽，这告诉我们人并不是孤立的，而是高度社会化了的存在。有人喜欢孤独地生活，但是，在他喜欢这种生活方式以前，他已经有了社会赋予他的丰富的知识和生存技能，也可以说一个人享受孤独的能力恰恰是来源于前期社会化的积淀。唐代大诗人李白的一句"古来圣贤皆寂寞"让我们把圣贤同寂寞联系了起来，这里的"寂寞"更接近现代词汇中的孤独，是比寂寞高一个层次的东西，是拥有一种超越时代的思想却不被大家所理解而产生的情思，这种孤独是无法排解的，外边越热闹，越在人群中，孤独的情绪表现得越强烈，只好"无言独上西楼，月如钩。寂寞梧桐深院锁清秋"，和众人只能谈"天凉好个秋"。世俗的寂寞不同于内心有超前的思想的孤独，寂寞往往是指情感上的一种空虚，一种无聊的情愁，是可以用外在的事物填满的，也就是说寂寞是可以排遣的，而孤独根本无法排遣。"孤舟蓑笠翁，独钓寒江雪"式的孤独是有着美丽的一面的，这种美丽体现在深刻的思想性上。所以说享受孤独是一种很奢侈的东西，如果你内心没有东西充盈，做不到"足乎己无待于外"，你是不配孤独的，孤独是有着非常苛刻的条件的。我们常有的只是一种空虚的寂寞，空虚就是空出时间没事干的一种百无聊赖的感觉，只好用一些闲事去填满这段时间。所以说孤独是饱满的，寂寞是干瘪的；

孤独属于精神层面，寂寞属于社会层面。

一个人内心没有真东西，就不要肤浅地赞美孤寂。而且我们必须清楚一个人精神当中的东西也是社会化的结果。长期脱离社会生活，人的才智也容易泯灭。随着社会化程度的提高，人对社会的依赖程度也越高，如果说原始社会的人以部落为单位就能够独立地生存下去，那么，在现代社会以国家为单位都很难独自存续下去。

（2）社会性第二层含义是社会交往性，交往是个体发展的必要条件，没有交往，人性的发展是不可想象的，人类的社会性正是在交往的过程中实现的。交往不仅导致人的精神交换，也导致人的物质交换，"人们在交往过程中，在肉体上和精神上相互创造"，[1]通过交往影响他人，反过来也受他人影响。人类正是在交往中相互影响塑造自己的人性的。因为，人只有以社会生活为中介才能发现自己。当然，高质量的友谊总是发生在两个优秀的独立人格之间，它的实质是双方互相由衷地欣赏和尊敬。因此，重要的是使自己真正有价值，做一个高质量的朋友，这是一个人能够为友谊所做的首要贡献。在交往性中最重要的是掌握人与人相处的三大基本原则：

第一，相互尊重原则。人际关系中，互相尊重是第一美德，尊重本身就是人的社会属性中最核心的内容，得到尊重会让人活

---

[1]　陈志尚主编：《人学原理》，北京出版社 2005 年版，第 228 页。

得特别自信，特别有神采。要把自尊和尊重他人有机地结合起来，处理人际关系首先要在人格上尊重他人，每个人都希望在交往过程中得到别人的尊重，但只有尊重他人才能赢得他人的尊重。平等待人就是要学会将心比心，学会换位思考。讲究诚信本质上也是一种尊重。曾子每日从三个方面检讨自己：替别人办事是否尽力？与朋友交往有没有不诚实的地方？我传授给学生的知识我有没有去实践过？说的就是办事要忠诚，交友要实诚，教书要真诚，核心是一个"诚"字，体现出中华民族相互尊重的传统美德。相互尊重还体现在崇尚"仁爱"的原则上，主张"仁者爱人"，强调要"推己及人"，关心他人。孔子强调"己所不欲，勿施于人"，"己欲立而立人，己欲达而达人"，在人和人的相处中，应当设身处地地为对方考虑，凡是我不愿意别人施加于我的一切事情，我都应当自觉地不施加于别人，以免别人受到伤害。

第二，**自由宽容原则。**交往的自由原则是人精神属性中最核心的内容——自由在人社会属性方面的体现，每个人在不影响他人的前提下，都有选择以什么方式度过一生的自由，都有信仰的自由，所以要严于律己、宽以待人，以常人人性看待他人，以君子人性要求自己，对非原则性的问题不斤斤计较。

第三，**互利公平原则。**互助是人的自然属性中最核心的生存需要在社会属性中的体现，在人和人的交往中，相互关心，相互帮助，这对增强彼此的理解、加深彼此的感情，有着重要的意义。在学习、生活和工作中，难免遇到这样那样的困难，每一个人既离不开他人的帮助，也能够帮助他人。因此，在交往中了解他人的困难，主动帮助他人，是交往关系中一个重要的原则。在实际生活中，要真诚地与周围的人互相帮助。人与人的交往往往要涉及利益问题，我们要遵循自他两利、互利互惠的原则，要给人以公平感，不占便宜是底线。

（3）社会需要，社会性第三层含义还包括人们对制度渴望公平正义的需要，因为，道德和法律都是调节社会关系、协调人际关系和保障人们生活幸福的重要手段，是社会性重要的表现形式，所以它们的基本原则和人际关系的基本原则有相同的地方——都倡导自由、平等、公平、正义和互利等基本原则。道德和法律在调节领域（一个主要调节道德境界的人，一个主要调节功利境界的人）、调节方式（一个以自律为主，一个以他律为主）等方面是有区别的，它们发挥的作用和运作方式存在不同。马克思人的本质理论告诉我们，社会性是人最根本的属性，社会关系在人性变化中起着决定性的作用。所以，将道德、法律和人际关系基本原则内化于心、外化于行对人的自由而全面的发展是至关重要的。

道德是调节社会关系、协调人际关系和保障人们生活幸福的重要手段，道德产生于协调社会交往中人与人相互利益关系的需要，目的在于协调个人与他人的关系。个人与他人的关系，在本质上是社会关系尤其是社会利益关系的表现形式。

《尚书·洪范》中有"五福"的说法，第一福是长寿，第二福是富贵，第三福是康宁，第四福是好德，第五福是善终。在中国传统文化里，最看重的是第四福——好德，仁德是最好的福相，由此即可以看出道德建设的重要性。道德建设离不开制度建设维度，道德建设的起点是什么？鲁迅先生论道德，认为"道德这事，必须普遍，人人应做，人人能行，又于自他两利，才有存在的价值"。言简意赅，朴素无华，既着眼于实践，又蕴含着充满人情的哲理。"自他两利"，这应该是道德建设的起点。"人各有己"，这是不争的事实，不但采取不承认主义不行，就是轻视、忽视也不行。因为生命本能永远顽强地固守这一事实。因此我们爱惜自己的生命，也应该爱惜他人的生命，我们自己要活，别人也要活。彼此共存的"自他两利"是道德建设的起点，在此基础上建立崇高的道德大厦才是现实的。

人有三大属性，即自然属性、社会属性和精神属性。人的一生就是人性逐步攀升的过程，一个人成熟的过程靠三次诞生来完成，第一次是出生，第二次是社会意义上的诞生，第三次是精神意义上的诞生。人出生时更多地具有动物性，这个时候的道德教育是使人成其为人的教育，这应该是我们基础教育阶段的重点，让人远离动物性成为真正意义上的人，也就是我们所说的公德、公民教育，这是我们道德体系的基石。随着社会属性的成长壮大，人迎来了社会意义上的诞生，这时教育的重点是使人成为一个有社会责任感的人，也就是我们今天讲的职业道德教育。最后才是精神意义上的诞生，这时才是信仰性道德教育的最佳时机，这种道德处在最高层次。我们的道德教育必须遵循人性发展的内在规律，先进行公德、公民教育，其次进行职业道德教育，最后进行信仰性教育。千万不能本末倒置，在孩子没有精神意义上诞生时就进行他（她）不能理解的宏大高深的教育，这就像让一个脾胃弱的小孩吃消化不了的东西一样，是会把人吃伤了的。而且这耽误了基本的做人教育，没有让其养成基本的做人习惯。这样我们的道德教育按照境界提升的顺序，第一步应该是脱离动物性，有基本的人性；第二步努力使其成为有职业道德的社会人；第三步才有可能是有理想信仰的精神人。人的一生实际上经历了从自然人到社会人再到精神人的过程，三个境界有什么关系呢？它们的关系就像盖一个三层楼房。

功利境界的人更关心人的生存需要，从人类个体发展与人类种系发展上看都是这样。任何一个人类个体，一出生就显示出有生理需要、安全需要。只有在出生几个月之后，婴儿才初次表现出有与人亲近的迹象和有选择的喜爱感。等儿童稍大一些，才表现出对独立、自主以及被表扬的社会情感需要，精神、心灵需要则最晚出现。人类种系的进化过程也是如此。我们和一切动物都具有进食的生理需要，高等的动物有类似人类社会组织的需要，而信仰需要则是人类所独有的。越是高级的需要也越为人类所独有。所以只有人才有三次诞生，第一次是生理意义上的诞生，第二次是随着逆反心理而出现的社会意义上的诞生，第三次是以独立思考为标志的精神意义上的诞生。超越功利境界，进入道德境界，进而进入天地境界才能产生深刻的幸福感、宁静感以及内心生活的丰富感、追求美好的情感和心灵满足给人带来的愉快。

冯友兰先生认为在功利境界之上是道德境界，最高是天地境界，在一定程度上，境界越高，自私越少。高境界既有利于社会公众，又会成就真正的健康的个人。高境界时爱己与爱人是一致的，而不是对抗性的，追求美好的情感和心灵的满足既有利于社会，又可以给自己带来更大的幸福、更深的宁静。虽然情感和心灵的家园是建立在生存的家园基础上的，但感情和心灵家园一旦牢固建立，就可以相对独立于生存家园。所以我们发现越是伟大的人物，外在的追求越简朴，内在的追求越丰富。

随着社会主义市场经济的建立，职业道德越来越彰显出它的重要性，在建立社会主义市场经济体制的过程中，人们的价值观、道德观正在发生着一系列变化，自然经济被商品经济取代、农业文明向工商文明过渡是这一变化的分界线。在自然经济条件下，每个家庭从事的生产活动大同小异，没有严格的职业分工，当然也就无严格意义上的职业道德。职业道德意识是随着商品经济的发展而得以强化的，因为在商品经济社会中，人与人的关系是真正的互相服务的关系，每个人通过自己从事的职业为别人服务，又享受别人的服务，这才是一个真正的"人人为我，我为人人"的社会。在这样的社会中，人要想活得好，依赖于社会中每个成员都要把自己的一份工作担待起来，勤勉、尽职。所以说一个现代社会的文明程度可以用其社会成员的职业道德水平来衡量，社会成员具有强烈的职业道德意识是商品经济长期锤炼的结果，而我们真正意义上的商品经济才开始不久，在职业道德方面却流露出不少问题，有些虽非主流，却不可小视。

所谓职业道德建设的机制，主要是指职业道德形成的内在机理和基本动因，包括他律机制和自律机制。众所周知，人的道德生产过程是一个不断将他律的社会道德内化为自律的个体道德的过程，而道德评价、赏罚机制是现阶段人们实现这一内化过程的根本保证，"人们奋斗所争取的一切都同他们的利益有关"。因此，利益动机是人们的行为背后的根本动因。经济学有一条"劣币驱逐良币"的原则，按照这一原则，如果严格遵守职业道德行为同违背职业道德行为获得同样的利益（不用说后者常能获得更多的利益），那么，遵守职业道德的行为将越来越难以生存。所以，对"功利境界"的人，惩罚的力度一定要使他们在利益核算上感觉到大大的得不偿失。道德评价、赏罚机制就是通过对主体利益的调控，直接肯定符合道德规则的道德行为，并激励和推动此类道德行为的再现，坚决追究不道德行为的道德责任，使主体不得不慎重考虑自己的行为后果，引以为戒。赏可以为主体实施道德行为提供内在引导；而罚可为其施加外在压力。因此，职业道德建设一定要赏罚结合，将道德的他律转化为趋善避恶的内在动力。道德禁业是一种很严厉的道德制约，可以说是一种准法律的制约力，是在职业道德建设过程中一种有效的手段，对全社会来说更是有着榜样的作用，它向公众发出明确的信息：我们社会提倡什么样的道德、禁止哪些行为。另外，还要强化道德主体的自律机制。道德的存在和发展，从主体条件看，主要有赖于主体内在的自律精神，由他律走向自律是道德建设的归宿，正是在这个意义上，马克思说，"道德的基础是人类精神的自律"。职业道德的自律机制有诸多方面，这里主要强调三个方面：

第一，要注重强化人们的道德良心，"良心是道德的卫士"。良心往往是人们的义务感和荣誉感的结合。当我们感觉到自己的工作给别人带来了帮助，职业的自豪感就会加强。自律从讲良心开始，记住："没有比问心无愧更舒服的枕头，幸福最牢固的根基还是心安理得。"

第二，应注重强化人们的自我道德修养能力。道德主体的内在自律机制，离不开主体的自我道德修养，离不开主体人格的不断完善。职业道德要达到"慎独"的境界就要加强职业道德文化的培养和学习，这是慢工，但这是根本。职业道德的深层是文化修养的积淀，在岗前职业培训中，我们可以学会职业道德中的规范用语，也可以学会微笑服务，但微笑背后的人是不能速成的，而是一点一滴造成的。

第三，在社会性中要重视法律对调节社会关系的重要作用，现今，它仍然是协调人际关系、保障人们生活幸福的最重要手段。我们要在坚守法治原则的前提下，运用道德的手段来营造有利于法律治理的制度环境和社会氛围。当前，要充分发挥先进道德通过法律规范对人们日常生活的规范作用，就是要把"以德治国"的价值目标融入"依法治国"的治国方略中，把社会主义核心价值观融入法治建设。

法律是为人服务的，所以在现有的法治内涵中注入人性，这无疑是加强法治不可或缺的内容，能避免法治"人的空场"，以提高法治的品质和内涵。因为法治离开了"人"的内涵就会空洞无物，法律的制定、执行和监督等各个环节都离不开人的作用，法律也是通过对人的行为进行规范来实现其作用与价值的，再完美的法律也要由人来执行、来完成。可见，"人"是法治永恒的主题，是法治始终要面对的问题之"核"。我们主张"法治"，反对"人治"，但不能忽视人的作用与价值。为什么我们对法治的认识浮于表面？不能不说是与法治建设中忽视人的因素有关。

近年来，学术界对法治的研究更多关注"法治"的概念、原则、历史以及制度等方面的问题，很少从人性角度思考，并挖掘法治的人性内涵。我们所说的人性视角，是一种研究的方法，而人性的内涵则是法治的内容。正如休谟所说："一切科学对于人性总是或多或少地有些联系，任何学科不论似乎与人性离得多远，它们总是通过这样或那样的途径回到人性。"我们有理由认为，人性是法治的基本内涵，忽视这一命题，就容易将法治的内容机械化，研究法治决不能离开对人性的研究。从具体的人性出发研究法治，既是一种方法，又是对现代法治内涵的补充。

没有在现在的法治中注入人性，学生可能会学到法律知识，但可能会缺失法治观念和法律信仰！因此，笔者认为必须加强法伦理学的研究，而法伦理学的核心问题是研究法治与人性的关系。法治的终极价值、目的是人的全面而自由的发展，法治是治理工具，人才是目的，法治必须以人为本。法律所调解的人具有不同的属性："自然属性"，"社会属性"，"精神属性"。在一个时代，人的需要层次的侧重点不一样，人的属性的彰显度也就不同，这将会影响一个时代的法的走向。为什么有的时代的法律重在打击人的肉体，有的时代的法律重在打击人的灵魂？原因就在这里。我们必须认真对待人的三重属性，认真反省人的三重属性。法律实践者所面对的任何案件中的人，并非是单一属性的人，而是具有三种属性的复合体。首先，他是自然人，具有自然属性。譬如，他有生命，是血肉之躯，有疼痛感，有饥饿感，这些都是人的自然属性。其次，他是社会的人，具有社会属性。譬如，渴望参加社会活动，希望获得他人的尊重、承担社会义务。最后，他还是精神的人，具有精神属性。譬如，他渴望自由、渴望审美、渴望自我实现。

法国思想家福柯认为，1837 年以前，法国法律还侧重惩罚人的肉体，因为当时法律实践者的出发点是"自然的人""肉体的人"，因而法律重在打击人的肉体。1837 年之后，法律实践者的侧重点变成了"精神的人""灵魂的人"，因此，法律重在人道主义的规训，重在规训人的心灵。

因此，我们可以看出，侧重不同的属性，法律实践者所选择的法律理念、法律制度、法律技术以及所获得的法律结果，都是不一样的，这就会在相当大的程度上决定一个时代的法的走向。

古代法律的主要着眼点是人的生存欲望和生存竞争，注重人的自然属性。在当代中国，人的社会属性得到了更多的承认，最近几年，国家越来越强调的人权保障、人性司法和人格尊严等方面的法律改革，体现了当代中国社会对人的精神属性的关注。从整个人类历史的发展看，从古到今，它表现了人的需要层次不断提升的过程，从属性上看是从以自然属性为主到以社会属性为主再到以精神属性为主的一个过程。法律体系的完善也体现了这一过程，先有刑法，然后是真正意义上体现平等自由的民商法的出现，之后为了真正意义上的公平有了以宏观干预为精神的经济法，这些以市场经济为主的法律不能涵盖对特殊群体的保护，因此又有了社会法，随着公平理念的深化，行政法、宪法也真正建立了起来，把各级官员的权力圈进法律的笼子，这个过程体现了人性的进步。

未来人的全面发展也就是人的属性的全面发展。片面发展某个单一属性将造成人的异化。一个人也是如此，首先表现出自然属性，然后不断社会化，社会属性不断增长，精神属性也随之不断强化。

法治要真正做到以人为本，必须要重点研究法治属性与人性的关系。人性引导着人按人的生活方式生活着。人性是什么？需要的因子就是人性的因子，而人性的因子就是幸福的因子。具体看，人性因素应包括生存、安全、尊重、感情、尊重、审美、自由发展等需求倾向。从现实人身上概括出来的这些基本需要就是基本人性，这是对人性的科学抽象。

我们反对抽象人性论，但研究人性必须对其进行科学抽象，基本人性是普遍存在的，所以要处理好自然法和实证法的关系。权利的正当性是来源于自然法还是实证法的问题，早在公元前5世纪就由古希腊思想家提出了，自然法权利说从应然意义上，主张"天赋人权"，认为权利源于自然法，人生而具有天赋的自然权利，提出自然法是正当的理性的准则，强调权利先于或优于法律，注重权利的正义性、道德性和理性等道义价值，注重权利实质合理性向度。实证法权利说，从实然意义上主张"权利法定"，认为权利源于实在法（立法和惯例），权利是法律之子，强调权利是法律赋予的，注重于权利的形式合法性向度。总体上说，自然法权利说以及实证法权利说，都对人类社会发展以及法治化建构进程起到了推动作用。它们本身也存在固有的理论局限，都具有片面性。实证法权利说不问法律之外的公平、正义和善良等道义，可能为恶法肆虐和风俗恶化提供温床。这种仅强调权利的形式合法性而忽视实质合法性的观点，在实践是有害的，理论上也是片面的。在现实生活和历史实践中，法律规定中不合理、不合道义的情况时有发生，并且对人类社会生活的历史发展造成了恶劣影响。自然法的理论逻辑建立在先验的"天赋人权"

假设上，依据的是人类普遍的理性和良知说，具有空洞、空泛、模糊性、争议性大和操作性差的不足。由于利益冲突，有人会打着普世价值的幌子干涉别人的正当权利。我们反对在抽象人性论基础上的普世价值，普世价值的抽象人性理论，犯了只从抽象方面去理解人性与人的本质的错误，片面强调人性与人的本质的不变性与永恒性，并将这种永恒性、不变性作为其理论建构的逻辑前提，颠倒了社会存在于社会意识的关系，主张以永恒不变的人性为前提设计他们认为的永恒不变的社会制度。所以，西方的"普世价值"必然带有文化霸权主义的色彩，而我们主张的"共同价值"则是包容的、求同存异的、共同发展的。但我们在批判"普世价值"的理论基础——抽象人性论时，决不能只强调人性、人的本质的具体性，不讲抽象性，这是另一种片面，也是应当否定的。共同价值则是以马克思现实人性理论为理论基础，马克思的现实人性理论首先对人性进行了科学的抽象，指出人性有自然属性、社会属性和精神属性，人的这三大属性在人不断变化的实践活动中也一定是具体的、历史的和不断变化发展的。坚持马克思的人性理论是共性与个性的统一，可以实现权利形式合法性和实质合理性、应然与实然的统一，破解"恶法亦法"还是"恶法非法"的法律困惑。不同时代的法律侧重调整的人的属性是不一样的，总的趋势是在古代、生产力低下时，人们以满足肉体的生存需要为主，法律也主要侧重惩罚人的肉体；随着社会发展，人的需要以社会属性为主，法律调整的侧重点就会偏向社会维度；将来以精神属性为主，法律的调整重心就会偏向精神维度。法律必须从社会现实中现实的人的实际需要重心出发决定调整的维度，而不能从抽象人出发，必须研究法治属性和现实人性中的共同价值的关系，人性中的共同价值引领着人按照人的生活方式生活着。基本人性普遍地存在，它们包括人的生存、安全、亲情、合群、尊严、名誉、自由和发展等需求倾向，法治必须以现实人性中的共同价值为基础。人性中的生存需要产生生存权；尊严和名誉的人性需要产生人格权，人有捍卫名誉的权利，也有尊重他人名誉的义务；人性中的亲情需要产生亲权，人有享受亲情的权利，也有保护亲情的义务；人性中的归属需要产生参与权，人都有参与社会生活的权利，也有接受他人的义务；人性中的自由需要产生法治中的自由权，人有自己的自由，但不能妨碍他人的自由，个人自由都是有边界的；人性中的发展需要产生法治中的发展权，自己要发展，他人也要发展，"己欲立而立人，己欲达而达人"。基本人性凝结成人的基本权利，就是法治社会中最神圣的人权。法伦理的学习，能让我们尊重法律，从而尊重人性。尊重法律，我们自己和他人，才有可能像人一样有尊严、有自由地活在这个世界上，尊重法律应该成为我们的信仰！

近几年，人们对法治的研究更多地关注法治的概念、原则、历史以及制度方面，很少有人从人性的角度来审视法治，并挖掘法治的人性内涵。忽视人性是法治的基本内涵这一命题，容易将法治内容机械化、"空心化"。我们必须研究法治和人的关系，法治的终极价值目标是人的全面和自由发展，法治是工具，人是目的，这是法治以人为本的内在逻辑。我们必须研究法治属性和人性的关系，人性引领着人按照人的生活方式生活着，法治必须以人性为基础。我们还必须研究法治和人权的关系，关于人性与人权，二者是内与外、实质与形式的关系，理解人权实质上是在理解人性和人的本质，后者是前者存在的依据。科学的人权观一定是普遍基本的人权问题同具体历史条件下的人权问题的结合。生存、公平、自由是人性的基本内容，也就成为人权的基本内容。

（三）精神性需要

所谓精神性需要，是指人们精神上或心理上的需要，是人所特有的，是人区别于动物的重要特征。这种需要是在物质发展和社会发展基础上产生的，并将随着物质发展和社会发展，不断完善和提高，是意识形态的东西。精神需要是自然性需要、物质需要之上的需要，是高层次的需要，例如，求知、创造、审美和信仰等。精神需要得到满足，其可以提高人的修养，陶冶人的情操，使人的精神得到升华，从而促进人的身心健康、生活和谐、愉快和创造性的发挥。这类需要相当于马克思所说的发展需要。精神需要从个人角度看主要表现为马斯洛的求知、审美和自我实现的需要，这类需要的特点是除非个人正在独特地干着适合他干的事情，否则他始终都无法安静。这使我们想起尼采的告诫：

"成为你自己!"这种需要也就是弗洛姆讲的自发创造性的需要。有这种需要的人干事情主要不是为了金钱的回报，而是全神贯注在自己感兴趣的事情上，忘记周围的一切，热情会像水流般扩散出去，等工作完成时会感到心灵的宁静与安详，感受到生命的快乐与喜悦。"那就是说，在自我实现的人那里，工作和娱乐没有明显的区别了，他爱他的工作并从中得到愉悦，每次休息后都急切地回到它那里去。"〔1〕马斯洛的需要层次论虽然把个人需要作为其理论的逻辑起点，但他的自我实现需要这个最高层次需要告诉我们，人只能在自我价值和社会价值的统一中真正实现自我，马斯洛在自我实现的人身上总结了很多条利他的美德，告诉我们真正的自我实现只有在利他中才能实现。自我实现不是只讲自我价值不讲社会价值的个人主义，一个人要自我实现首先要了解自己的长处，避免自己的短处，寻找自我价值和社会价值的最佳结合点。

　　人有不同于动物的全部的自然属性和社会属性的原因也是与人的精神属性分不开的。如果撇开人的精神属性，就无法说明人的自然属性和社会属性与动物有什么本质区别。撇开人的精神属性就不能说明动物的合群与人的交往有什么不同的地方。正由于人有精神属性，用意识代替了本能，人才有了高贵的精神生命，才有了心灵的家园。下面我们就谈谈精神性需要中的信仰、审美

---

　　〔1〕〔美〕马斯洛：《马斯洛谈自我超越》，石磊编译，天津社会科学出版社 2011 年版，第 40 页。

和求知。

1. 精神性需要之信仰

从哲学意义上说，信仰是对人生最深度的关切。只有它，才能让人类克服对死亡的恐惧，明确价值追求，反思生存意义，活得更有尊严。崇高虔诚的信仰能够激发灵魂的高贵与伟大。信仰源自心灵迸发出的精神光芒，这是超越物质的精神之光，这种光芒一直照亮着人们前进的道路。信仰让人对艰难险阻始终保持乐观主义和高昂斗志，信仰使人成为真正的强者，信仰是人前行的精神动力和力量源泉。

我们首先简单地回顾一下信仰的形成与发展。人是社会历史的人，人的信仰也是社会历史的产物，它的产生和发展一定会受到社会存在状况的制约。原始社会由于生产力和科学水平的低下，最早产生了对自然神的崇拜和信仰，太阳神庙就是一个突出的例子。自然神崇拜是人将自然物人格化和神化的结果。图腾崇拜也是一种古老的信仰形态，它同原始人狩猎采集活动相适应。原始人的生活，和动物有着密切的联系，往往把和自己生活密切相关的动物作为自己的图腾来崇拜和敬畏。宇宙的无限性和人类认识和实践能力的有限性，给宗教留下了空间，对宗教信仰，我们不能全盘否定，因为宗教信仰里面有积极的、合理的、进步的因素，如：劝人向善、平等待人、相互尊重和扶贫济困。中国从春秋战国时代理性主义信仰就开始兴起。欧洲文艺复兴时期的人文主义者提出信仰人道主义，其目的就是反对宗教的神道主义，用人性来代替神性，用社会契约论来代替君权神授说。马克思主义信仰在批判经济人假设抽象人性论的前提下，提出了科学的人性、人的本质理论，这里的人是现实的、具体的人，不像经济人假设所认为的人性是抽象的、永恒的。马克思认为人性是动态变化的，因为影响人性变化的社会实践活动是动态的，认为总的出发点是人，是现实的人及人的实践本质。这是马克思主义分析解剖一切社会问题、揭示人类历史发展规律的工具，是奠定马克思学科理论体系的科学性、正确性的基石。

（1）科学正确的信仰给人生以意义。人生是一个在实践中奋斗的过程，要使生命富有意义，就必须在有意义的奋斗目标的指引下，沿着正确的人生道路前进。科学正确的信仰一旦被确立，就可以使人方向明确、精神振奋，即使前进的道路曲折、人生的境遇复杂，也能永不迷失前进的方向。

（2）科学正确的信仰为人生设立价值目标。我们都知道这样一首诗，"生命诚可贵，爱情价更高，若为自由故，两者皆可抛"。生命、爱情和自由就是裴多菲的价值目标。人的全面发展是未来理想社会的一种价值目标，今天，在我国现阶段，建设有中国特色的社会主义，把我国建设成为富强、民主、文明、和谐、美丽的社会主义现代化国家，是我国各族人民的价值目标。进行建设有中国特色的社会主义的每一项工作都需要信仰支撑，这种信仰既是追求人性真、善、美的"理想性目标"的过程，也是顺应"历史必然道路"的社会实践过程；既指向人的终极关怀，又立足于人的现实关怀；既是彼岸的，又是此岸的。

（3）科学正确的信仰是人的精神动力。在现实生活当中有些人常常会感觉到苦恼、空虚、抑郁、焦虑，觉得活着没有意思，一遇到困难就会感觉到萎靡不振，这就是因为没有找到科学的、正确的信仰作为心灵的支撑。信仰是人的灵魂，人是要有一种精神的，不能没有信仰地生活。人可以终其一生不走进寺庙教堂，却不能长久地不去面对自己。古今中外，一切社会、一切人，都有一个理想信念问题。没有理想信念就没有灵魂，就没有精神支柱，就没有凝聚力，就经不起大风大浪。科学的信仰和崇高的理想，永远是照耀人类历史前进的灯塔和不竭的智慧源泉；而错误的信仰会使人误入歧途，歪理邪说则会残害人的生命。

（4）科学正确的信仰提高了人的精神境界。坚定正确的理想信念，是人们克服艰难险阻，促进社会和人类发展的力量源泉。信仰是人们从事其他一切活动的内在驱动力。理想信念是人的精神生活更高层次的内容，是在超越的意义上讲人的精神追求，它既指向于人的精神归宿，又指导人的现实精神生活，是人们选择生活类型的根本价值标准。它是人的精神内核，表现为世界观、人生观等根本理念。理想信念告诉人们人生的路该怎么走，人怎么活着才有价值、才有意义。科学的理想信念能使人们对现实采取积极进取的态度，对是非曲直进行正确的判断和评价，从而选择有价值的有意义的人生路线。

科学的远大理想的确立是精神生活的高品位追求，体现着人对自己生存的格调的向往，是人获得真正发展的标高。正如高尔基说的，"个人追求的目标越高，他的才能就发展得越快，对社会就越有益"。人生是物质生活与精神生活相辅相成的统一过程。理想信念作为人的精神生活的核心内容，一方面能使人的精神生活的各个方面统一起来，使人的内心世界成为一个健康有序的系统，保持心灵的充实和安宁，避免内心世界的空虚和迷茫；另一方面又引导着人们不断地追求更高的人生目标，提升精神境界，塑造高尚人格。一个人的理想越崇高，信念越坚定，精神境界和人格就会越高尚。

（5）信仰缺失的后果。《人民论坛》2014 年第 9 期（上）发布的调查问卷显示，当前我国存在十大社会病症，排在第一位的是信仰缺失，说明信仰问题是当代中国民众精神领域非常重要的领域。这次调查显示，信仰的危机不是没有信仰，而是缺乏基于信仰认同而构成的国家意识和社会价值规范。所以，我们要自觉以社会主义核心价值观引领精神文明建设。

在现实生活中出现种种"乱象"，底线伦理一再被突破，说到底是因为信仰迷茫、精神迷失。①没有科学正确的信仰，人会迷失方向、迷失自我。这是因为人们是靠信仰的导向超越当下的。信仰具有导向和凝聚两大功能，实现中华民族伟大复兴的中国梦，既需要信仰指引方向，又需要信仰凝聚力量。没有发自内心的信仰，学法的人就可能会利用他们的专业优势千方百计地寻找规则、制度和法律的漏洞去干不道德的事，有了信仰，道德才会内化于心，才能外化于行。②没有科学正确的信仰，人的心灵会失去主心骨，得不到安宁。信仰，有大用，可以让心安，可以了生死，参透名利小超脱，参透生死大超脱。因为坚信，所以心平气和，用普通人的话说，精神总要有个着落。客观环境未变，但因为有了信仰，主观心境已变，悬着的心有了着落，紧张既除，只有大的喜悦，说不出的美妙。这就是信仰的大作用。

信仰为人的精神寻求一个支撑点，从而使心灵得到安宁。当然这里所说的是个人内心里真正相信的、自愿的信仰，而不是表面上的信仰或是被迫的信仰——这样的信仰，其作用恰好相反，更加让人纠结，使人心灵不得安宁。

意识对人体生理活动具有调节和控制作用，这个作用的一个非常重要的通道是心理暗示。不良暗示，反复复习，心理垃圾会越来越多，许多的身体疾患都是由浮躁的内心引发的；积极暗示，反复复习，正能量会越来越多。王阳明心学的主要功夫是练意念。进行积极暗示使人具有高质量的心态，客观环境未变，只是主观心境已变，进行积极暗示，紧张既除，就会有大的喜悦，说不出的美妙！当下时代，最大的奢侈品是心灵的宁静。心灵家园使人康宁、心安理得，问心无愧、安心是人生大事！信仰就是一个人的主心骨，使人心灵祥和宁静，充满喜乐！当今社会负担这一使命的主要有三：宗教、审美和哲学，分属于超验之宗、感性之宗和理性之宗。信仰的强烈程度取决于人们的信任程度。

2. 精神性需要之审美

哲学家拉兹洛指出："人一只脚踏在生物现实界和物质现实界坚实的基础上，另一只脚踏进了神话的朦胧世界。"美在本质上是一种精神性的愉悦，也是人的本质力量的感性显现。

（1）审美是通往灵性的一种途径。人不但是生物性存在、社会性存在，同时也是精神性的存在，审美感受和宗教情怀注定是精神领域的主要表现形式。审美对于人的需要来说，更具有精神的内涵，它可以使人心灵清纯，抑制物欲、情欲的骚乱。所以，高尔基说："美学是未来的伦理学。"菲尼斯把内心的审美体验看成是人生幸福的七大条件之一。马斯洛在七层次需要论中，把审美需要列在第六个层次上，足见审美的重要。宗教并不是我们通往灵性的唯一途径，"了悟不必成佛"，凡俗生活也能诗意栖居，也可过一种灵性的生活，审美、哲学就是通往这种生活的途径。孔子也把人格修养的最高境界理解为一种自由的艺术境界，处理好人与心灵的关系才能活在这种境界中。"志于道，据于德，依于仁，游于艺"，"兴于诗，立于礼，成于乐"，他最后的形象是"成于乐"和"游于艺"，快乐得"不知老之将至"。冯友兰先生称这种境界为天地境界。

审美是了悟死的大限而形成的一种豁达的心胸，在沉浮人世的同时又能跳出来加以审视，而艺术在某种意义上是"主观造梦，自我陶醉"。生活中不能抒发的情怀、不能实现的快乐在艺术中得到了替代性的满足，生活难免有单调乏味之时，艺术给人以调剂，"人生有涯，不以幻补真，何能尽享"。只要对于日常生活有观照玩味的能力，无论是谁，都有权去享受艺术之神的恩宠。凡是不能把日常生活咀嚼玩味的，都是与艺术无缘的人们。

按照现有的科学，地球这颗行星总有一天会变成这样：所有生物都不能在它上面生存，宇宙达到终极平衡阶段，人活着就没有了终极的意义，一旦真的万法皆空，聊以处慰，使生命的每一阶段都有快乐的审美就有了特别的意义。古代，人类创造了宗教，借助它抗拒死后虚无的恐惧、生的痛苦；借助它死后有福的希望来抗击生命的风风雨雨。这时，宗教给人们的心灵带来了慰藉，给精神带来了寄托。给人们的精神遮风避雨，也可用审美来关注人的心灵世界、人的内宇宙，使精神生态平衡，以情商的丰盈填补智商的单一。

审美和现代人的性格特征之一的进取并不矛盾。以平常心对待竞争，以出世之心对待入世是进取的最佳方式，它可以使我们避免过度紧张造成的对精神无益的消耗。太空探险时宇航员说笑话的这份轻松正是人类智慧的最高体现。实际上大师都有审美的心态，都有"玩"的心态。

（2）审美是人类一切功利性追求造成压力的减压阀。审美会让你从不同角度理解别人、审视自己。纯生物性、社会性存在使生活太凝重，人们需要借助审美求得精神上的轻松。置身在自然属性和社会属性构成的现实世界中，同时还要在心灵中建造一个精神属性组成的审美的世界，这才是丰满健康的人性。我们知道"没有物欲情欲的驱动，任何伟大的事情都不会成功"。正像没有了太阳，万物就没有能量一样。但审美却是人生的月亮，没有月亮人生就失去了许多情趣和诗意的想象。在现在物欲和情欲的膨胀中，保住人间诗意的梦想和浪漫的情思更显可贵。审美让我们享受到精神的沐浴。人在现实生活中不可避免地造成心灵一定程度的扭曲，审美可以恢复一下扭曲的心灵，使之自由地舒展，使人从一己的忧虑中逃遁出来，这种自由的感觉为人类所独有。有人认为审美的快乐有虚幻性，童话不也是虚幻的吗？可是它带给儿童的欢乐再真实不过了。客观上的虚幻性不影响给我们精神带来的慰藉的实在性。审美让我们沉醉在愉快的幻觉中的时候，也正是它带给我们最大快乐的时候。审美能使我们神清气爽、空灵洒脱，是当今社会自我平衡的手段，是净化心灵自我解脱的妙方。

对于审美，孔子是非常推崇的。"知之者不如好之者，好之者不如乐之者"，他把"游于艺""成于乐"看成道德最好的表现。中国文字艺术最美的表现形式——诗词，可以表达幽微的情感，抚慰孤寂的心灵，中国人诗的情感就是生命体验的感性表达。宋词的写法是委婉而细腻的，能更有韵味地抒发个人内心的感情，更显隽永，这恐怕是宋词让人深深着迷的所在。诗词这种艺术形式离人的心灵最近，它用鲜活的感性体验表达古今相同的人性！能悠闲地享受唐诗宋词的美是上天对我们的厚爱，是一件幸福的事，也是一件幸运的事。现代人的生活紧张而忙碌，需要审美滋润枯寂的心灵，拭除尘垢，优美动人的唐诗宋词就是最好的心灵桃花源。一句唐诗，半阕宋词，那佳词丽句在空灵的心中弹拨出如弦如丝的清音，又使人有一种回肠荡气的愉悦。正像罗兰在她的小语中所说："每当读到与自己心情相契合的文字时，被人了解的喜悦充满内心，这种情感的升华，使我的愁苦不致郁结，反而有了一种值得欣赏的艺术之美。"诗能让我们体会大自然四季的美好，里面有"草色遥看近却无"的春天，"满架蔷薇一院香"的夏天，"霜叶红于二月天"的秋天，"四山欲雪地炉红"的冬天。

3. 精神性需要之求知

求知能给人生带来极大的精神快乐，让我们看这样的事例：2000 年前有一位政治家问孔子门人子路他老师是怎样的人，子路不答。后来孔子知道了，说："你为什么不告诉他，你的老师'其为人也，发愤忘食，乐以忘忧，不知老之将至'？"从孔子这句话中，可以体会到学知识的乐趣。希腊科学家阿基米德在澡堂洗澡时，想出了如何分析皇冠的金子成分的方法，高兴得赤身从澡堂里跳了出来，沿街跑去，口中喊着："我找到了，我找到了。"这也说明得到知识的快乐，"学而时习之，不亦说乎"。

（四）低层次需要与高层次需要的关系

（1）低层次需要比高层次需要更强烈，对于维持人的生存更迫切，因而低层次需要出现得早，高层次需要出现得迟，从人类个体发展与人类种系发展上看都是这样。任何一个人类个体，一出生就显示出有生理需要，并且还以一种初期方式显示出有安全需要。只有在出生几个月之后，婴儿才初次表现出有与人亲近的迹象和有选择的喜爱感。等儿童稍大一些，才表现出对独立、自主以及被表扬的要求，至于自我实现的需要则最晚出现。人类种系的进化过程也是如此。我们和一切动物都具有进食的生理需要，也许我们与高等类人猿共有爱的需要，而自我实现的需要则是人类所独有的。越是高层次的需要也越为人类所独有。

（2）高层次需要的出现有赖于低层次需要的满足，但只有高层次需要的满足才能产生更深刻的幸福感、宁静感，以及内心生活的丰富感。安全需要的满足最多只能产生一种如释重负的感觉，无论如何它们不能产生像爱的满足那样的幸福感。

（3）马斯洛说："高级需要的追求与满足具有有益于公众和社会的效果。在一定程度上，需要越高级，就越少自私。饥饿是以我为中心的，它唯一的满足方式就是让自己得到满足，但是，对爱以及尊重的基本满足继而寻求友爱和尊重（而不是仅仅寻找食物和安全）的人们，倾向于发展诸如忠诚、友爱以及公民意识等品质，并成为更好的父母、丈夫、教师、公仆等。"因此，"追求和满足高级需要代表了一种普遍的健康趋势，一种脱离心理病态的趋势"。高层次需要是人们独有的、最能代表人性的需要，这些高层次需要的满足既有利于社会，又可以给自己带来更大的幸福、更深的宁静。需要层次论告诉我们，温饱安全得到满足以后，幸福的感受就主要来自精神世界，实际上，人的所有需要都根源于人的三重属性，即自然属性、社会属性和精神属性，相应地构成人的三大家园，即物质家园、情感家园和心灵家园。完整的人性就是三者和谐的统一，三者的割裂就造成人的异化，造成不幸，使人成为单面人。幸福就是人性中的三个属性、三大家园、各个层次均衡发展。人生需要是一个从低级向高级的发展过程，人生需要在递进式发展中，每一个时期有一个主导性需要，对人的行动起作用。需要的发展是无止境的，引导人的需要发展的是每个人都得到自由而全面发展这面旗帜。

三、满足人生需要的途径和条件

人生需要是多种多样的，内容丰富多彩，需要又是发展的，随着社会的进步而不断提高，且永无止境。那么，我们又如何去满足和实现这样复杂多变又不断提高的需要呢？

（一）生产实践、劳动创造是满足人生需要的根本途径

满足人生需要的具体途径，可以有千条万条，方法也有万千种。但是归根结底，最根本、最基础的途径是人的劳动创造。人的一切需要，无论是物质需要还是精神需要，生理需要还是社会需要，等等，都必须通过人的劳动创造才能得到满足。劳动是人类赖以生存和发展的最先决条件，是劳动使人成为人，使人从大

自然、从动物界分离出来，改变了人像动物一样同大自然混然一体，饿了采野果充饥，冷了钻山洞避寒，只靠大自然的恩赐被动地生活。人们学会劳动以后，就再也不只靠大自然的恩赐，而是用劳动创造去改造大自然，去积极主动地向大自然索取，从被动变为主动。这样，人的生产资料、生活资料，就丰富多了。而且随着劳动创造能力的日益丰富和提高，现在大家看一看，人吃的、穿的、住的、用的等生活必需品，有哪一样不是劳动创造的？至于人类发展所需要的资料，不管是物质的、科技的、社会的、精神的需要等，一切的一切，无一不是人的劳动创造物。不劳动社会就根本不能存在，更不用说发展，那人的任何一个需要也就根本不可能满足了。

劳动就是改造自然界，就是改造我们的社会。要改造世界，就必须认识世界，掌握世界的特性及其客观的发展规律。改造世界要使用劳动生产工具，那也就必须认识劳动工具的性质和特点。在对劳动对象、生产工具有深刻认识的基础上，才能自觉有效地改造世界，取得丰硕的成果，以充分满足人的需要。在劳动、认识的实践中，人自身的体力和智力同时得到锻炼，得到发展，得到提高。这样，在劳动创造的过程中，生产发展了，社会发展了，人类自身发展了，人的需要也得到了满足。但是，这个满足是相对的，因为随着生产提高，社会发展，人的发展，新的、更高的需要又出现了，即人的需要也发展了。人就是在劳动创造中满足了原来的需要，又提出了新的需要，再通过劳动创造去满足这个新的需要。社会就是在通过劳动创造满足需要，又在劳动中有了新的认识，提出了新的需要，这样交替前进、不断发展。一旦停止劳动，不但需要得不到满足，新的需要也不会再产生，人类及其社会也就完结了。

总之，劳动创造了人自身，劳动创造了社会。劳动创造满足了需要、提高了人的认识，又创造了新的需要。如果没有劳动创造，一切将无从说起。劳动创造是人及其社会赖以存在和发展的基础，劳动创造是满足人生需要的根本途径。

（二）社会实践、社会的发展是满足人生需要的重要条件

实现人生需要是人的内在力量的要求，但同时也受到社会历史条件的限制。每一个人都处在既定的社会历史条件下，当时的物质条件、科学文化水平以及人们的生活习俗、宗教信仰、精神面貌等一切的一切，都是现有的、已成的。人的需要就是在这特定条件下产生的，其满足也只能是在现有条件许可的范围之内。超出现有条件的需要，将被视为不现实的空想或幻想，当然也就不能得到实现。生产发展了，社会进步了，在新的历史条件下，人们又会提出新的需要，而社会在物质、精神文化方面，也为满足新的需要提供了新的条件。需要是在一定历史条件下产生的，也只能在它所处的特定条件许可的范围内得到满足。社会的进步是满足人们不断发展着的需要的重要条件。

（三） 正确处理个人需要和社会整体需要的关系

社会是一个整体，而这个整体又是由个体的个人构成的，其需要，既有个人需要，又有社会的整体需要。

什么是个人需要？就是社会成员个人的需要，诸如生存需要、享受需要、职业需要、成就需要和发展需要等。马斯洛讲的人生五个层次的需要，基本上是从个人需要角度讲的。个人需要是社会成员从个人本身的素质、修养、职业、地位、环境、实际生活的需要及其发展的可能性提出的，具有具体性、现实性。

什么是社会整体性需要？所谓社会整体，是相对个人说的，它是指一个民族、一个地区、一个国家等，它是由长期的、历史的、地域的和民族的诸因素形成的，具有相对稳定的特点。它们因共同利益、习惯、习俗、信仰和发展方向，成为一个社会性整体。所谓社会整体需要，是在社会整体的共同利益和愿望的基础上产生的需要，是从当时的历史条件、社会生活和发展趋势的需要中提出的，是社会成员需要的集中和概括，它具有共同性、长远性的特点。

个人需要与整体需要是有区别的，但又是相互依存、相互渗透、相互包含的，从根本上讲是一致的。个人是社会整体的一员，是社会的人，个人的需要这样那样地反映了社会整体的需要。同时，个人需要也是从个体所处的地位、环境的角度，对当时的社会历史条件，物质、文化发展水平的反映。社会整体，是全体社会成员的整体，这个整体的需要是从社会成员之需要中集中和概括出来的，是从整体社会历史条件，物质、文化水平发展趋势出发的。它反映了社会整体的共同的、根本的、长远的、发展的需要，代表社会全体成员的根本利益。个人需要的实现，要靠个人努力，充分发挥自己的天赋、能力和潜力，去拼搏奋斗。但个人需要终究是社会整体条件下的需要，这个需要的实现不能离开社会靠个人奋斗实现，必须依靠社会整体，依靠它提供的物质的、精神的文化技术等各种条件，离开社会条件是不可想象的，实际也不可能离开。同时，个人需要也必须是当时社会整体物质、文化水平及各种条件允许的需要，是同社会整体需要相一致的需要。否则，你的需要超出社会条件允许或者与社会整体需要不一致，甚至矛盾，社会整体根本不需要，这个需要或者不能成立，或者不可能实现。当然，社会整体需要也不能离开全社会每个个体成员个人的需要，完全脱离开社会成员个人需要的社会整体需要，只不过是一句空话，是不能成立的。

当然，个人需要同社会整体需要之间还有不一致甚至矛盾的时候。这是因为个人需要毕竟是从个人角度提出的需要，是从个人所处具体条件、环境和个人利益出发提出的需要，因受本身认识和所处地位的限制，往往不全面。看眼前多，长远较少，甚至看不到，即便想从长远考虑，但终究是从个人立场角度、条件考虑的长远，同社会整体的长远需要也会有距离。这样，个人需要就同整体的、全局的、长远的、根本的社会整体需要发生矛盾。

如果发生这种情况，我们对个人需要应做认真的、实事求是的分析，它不外有以下三种情况：不合理，部分不合理，虽然合理但目前实现的条件不够也不能满足。个人需要根据情况和条件，或者取消，或者调整，或者等待条件成熟再解决，切忌盲目给予压制或取消。但我们也有个基本原则和总方针，就是要求个人需要尽力同整体需要相一致、相协调，甚至必要时要求放弃个人需要，而服从整体需要，这叫服从大局。事实上，整体需要实现了，全局胜利了，个人需要才可能得到满足，或者容易得到满足。如果不是这样，而是每个人只为个人需要去奋斗，不顾大局和全体如何，结果大局失败了，个人需要当然也就不能实现。"覆巢之下，焉有完卵"，这个道理是不言而喻的。当然，作为大局、整体的国家也不能忽略个人需要，只要个人需要同整体需要不存在根本性冲突，在不影响大局的条件下，应尽量使个人需要得到发展和满足。

四、人性化是衡量以人为本实现程度的基本尺度

人性化是以人为本在各项工作中的具体体现，工作中要贯彻以人为本的理念也就是要在工作中做到人性化，克服只见工作不见人的非人性化管理，强调要以人为目的、以人为中心、以人为关键，这就要求我们做工作时实行人性化管理和人性化服务。工作的出发点和落脚点都是服务对象的根本利益；工作的方式是以

符合服务对象的合理要求的形式进行服务；工作的内容是不断满足服务对象的基本需求，尊重服务对象的合法权利、能力差异、个性差异和独立人格，促进服务对象的全面发展。

个性化是以人为本理念在人们的工作和生活中的大众化表达，容易被人接受，以人为本还是有些抽象，不易理解，而对普通民众来讲，人性化更通俗易懂、易被接受。人性的东西是最能够触动人心灵的，所以人性化追求已成为合乎民心、顺乎民意的一种现象、一种趋势。

理解人性化的含义，关键是理解"人性"这一概念。在马克思主义视野中，人性有理想和现实之分。理想的人性是对动物性和非人性的否定，这种人性所规定的不是人性的现实状况，而是对人一系列优秀品质和完美特征的向往；而现实人性指的是人性在现实中是怎样的，即人性实际上是怎样的，是一种客观描述。我们所讲的人性化是在理想人性的积极意义上使用的一个概念。人性化的诉求包括自然属性方面追求舒适、方便、安全、健康的生活的生理诉求；社会属性方面希望与他人之间能有一种真诚和平等的社会交往，希望受到社会尊重、渴望过上一种体面而有尊严的社会生活；精神属性方面希望自己的能力和个性能得到自由和全面的充分发挥。我们在管理和思想政治工作中应注重满足这些人性化的诉求。

自然属性方面的人性诉求使人性有了更多共性的内容，它既普遍适应于多个社会形态，也存在于每个人身上；社会属性方面

的诉求，决定人性是具体的、历史的；精神属性方面的诉求则更
具个体差异。

上述三个层次决定了一个基本现实：人性是共性和差异性的
统一。总之，人的肉体必须与自然界进行能量交换，这就意味着
人首先是一种自然存在物。这种交换活动不可能是单个人的活
动，必须是许多人合作性的活动，所以人也是一种社会存在物。
人的生命活动是有意识的，所以，人还是精神存在物。马克思对
抽象人性论进行过深刻的批判，但这是否意味着只存在着人性的
具体方面，而不存在人性的抽象方面呢？我们知道人都是生活在
一定社会和历史条件下的人，因而是社会的人、历史的人，在阶
级社会中，表现为阶级的人。在人的本质力量作用下人的本性历
史地表现为具体的人性，不存在超历史、超阶级的人性。但是，
马克思是否排斥对人性做抽象理解？不是的，对人性进行科学抽
象，不仅是可能的，而且是必要的。之所以有人片面地认为马克
思主义理论中只存在对人性具体的理解，主要原因是犯了一个非
此即彼的逻辑错误。他们认为既然马克思主义对抽象人性论持批
判态度，马克思主义的人性理论必定与之相反，对人性，如果不
能做抽象的理解，自然只能做具体的理解。实际上马克思主义对
抽象人性论的批判，本质上是一种扬弃批判这种人性论中对人性
先验性的抽象，然后用这种先验性的抽象去理解现实的人，这种
路径错了。马克思主义从现实的人出发，经过科学的抽象得出人
性抽象性的一面。而且如果只存在人性具体的一面，不存在抽象

的一面，也是不符合辩证法的精神的。在辩证思维的逻辑当中，抽象和具体是对立统一的，失去一方，另一方也不存在，只强调人性的具体性的方面，也是一种片面。马克思作为辩证法的大师并不反对对人性进行科学抽象。我们此时谈"人"这个概念时，它就是一种抽象，只是马克思主义的抽象出发点是现实的人和从事实际活动的人，不是先验的、设定抽象的、一般的人性。这是对人性科学的抽象，这样也可以为我们把握人性的现实性、历史性变化提供一个坐标，为我们思考人的问题指出一个基本方向，也就是说人的现实性不过是人作为人存在的一般性在其历史过程中的展开。马克思主义的人性论是具体与抽象、个别与一般的辩证统一，同时也是变与不变的统一，是常驻性与流动性的统一。所以，马克思在《资本论》中明确主张，"在研究人的本性时应首先要研究人的一般本性，然后要研究在每个时代历史地发生了变化的人的本性"。[1]整个历史，也无非是人类本性的不断变化而已。人的一般本性，是人作为人存在的根据，一旦丧失了这种一般的、不变的本性，也就丧失了人作为人存在的根据。这个"人的一般本性"就是马克思所说的人的类特征，也就是人的实践活动具有的，自由的、自觉的性质，也就是自由的、有意识的特征。这一点是不变的，但是人的自由、自觉性的程度是在历史进程当中不断发展变化的。马克思肯定自由是全部精神存在的类

---

〔1〕《马克思恩格斯全集》（第23卷），人民出版社1972年版，第669页。

本质，具有普适性。我们承认人性有抽象性的一面，也就是价值有共同性的一面，但不是先假定了先验的、永恒的人性。科学地抽象人类共同的人性追求，应从代表各国民意的根本制度的宪法当中去寻找最大公约数。这种共同价值是从现实生活当中科学抽象概括出来的，不是"玄想"出来的，而是回归现实生活，从实际的人出发。从各国代表民意的根本制度当中概括出普遍性、共同性的价值观这种研究不但是可行的，而且是必须的，这并不是抽象人性论基础上的一种普世价值。当然，现在的共同价值只是相对的，是具体的、历史的一种表现。共同价值随着历史的发展而发展，全人类都解放了，人们追求的价值就是属于全人类的。总之，我们要知道共同价值是一种理论的抽象，这种抽象，是建立在对人性科学抽象的基础之上的。我们反对对人性脱离实际、不顾实际情形、先验的虚构，但从现实的人的实际人性需要出发，进行推演、概括、提升是对人性科学的抽象，这是人类智慧能动性的体现。这种共同价值源于生活，高于生活，成为人类追求真善美的价值目标。对共同价值要坚持一定的辩证思维，坚持抽象与具体、应然与实然的辩证统一，在动态发展中去把握它。中国文化，要想对世界产生更大的影响，我们的核心价值观同当今世界的共同价值观就一定是包含关系，我们的核心价值观就必须既是民族的也是世界的。现实的人性是共性与个性、普遍与特殊、抽象与具体的统一，科学地把握人的共性，可以更加深刻地理解把握人的个性。

现实的人是一个总体性的存在，包括人与自然人、与社会和人与自我的关系，并且这些关系在实践活动中相互作用、相互依存，总是不断地变化发展着，是结构学与发生学的统一。所以，要深化对人性的认识，我们必须要对决定人性发展、变化的人的本质加以研究。

第二章 走出人性迷宫——人的本质

　　人的自然属性、社会属性、精神属性只是思维对人的整体属性从静态上进行的抽象逻辑分类，是对人类区别于动物的那些特征的归纳，是我们认识人的第一个环节。个别到一般，如果只停留在这个对人性的一般分析上，那么对人的认识肯定是不深刻的。我们对人的认识必须进入下一个阶段，再从一般回到个别，使之进一步具体化，这就必须进入到对人的本质的研究。因为人性被人的本质规定着，人的本质是人进化区别于动物进化的根本的内在机制，脱离人的本质谈人性，人性就是一个空洞的、抽象的概念，所以，人的本质问题是整个人学的核心。

　　要弄清人的本质，首先要对"本质"一词的涵义进行科学的界定，"本质"（des Wesen）一词在德语中的涵义是原因、根源的意思，即追问事物发展、变化的原因是什么，人的本质就是追问人发展变化的原因是什么。

　　马克思人的本质理论告诉我们，本质是一事物区别于他事物的根据，回答"何以是"，追问事物为什么是这样的原因，回答"实存的根据"。人的本质就是人性动态变化的根据。辛世俊撰文指出，"人作为历史的存在物，始终是未完成的，始终处于不断提升自己的过程之中"。[1]所以，对一个人作出最终评价，只有"盖棺"才能"定论"，人活着就一定处在本质力量作用下的动态变化中。

一、人的本质理论是领悟人生真谛的理论依据

要领悟人生真谛，首先要对"人是什么""人的本质是什么"有一个科学的认识，这对于我们树立正确的人生目标、价值观，培养积极乐观的人生态度都有至关重要的影响，也可以说这些问题，实质上都是"人性、人的本质"这一问题的外展。

人生观方面的种种错误认识，从理论根源上讲都是源于对马克思"人性、人的本质"的误读。因此，要树立正确的人生观，首先要对马克思"人性、人的本质"思想进行正确的解读。

在人类思想史上，许多思想家对人的本质进行了苦苦的思索，但无一例外地都走进了"盲人摸象"的片面性误区。各种片面的本质观往往执着于人的某一方面的属性，排斥或者忽略其他方面的属性。如费尔巴哈把人的本质归结为某种自然属性或称之为生物属性，主张一种自然主义的人性论；黑格尔把人的精神属性或称之为思维属性，抬到至高无上的地位，主张一种理性主义的本质论；从思维能力概括人的本质、区分人与动物是马克思

---

[1] 辛世俊："试论人的提升"，载《郑州大学学报（哲学社会科学版）》2005 年第 1 期。

以前哲学达到的最高成果，但是还是静态的形而上学的思维。有些思想家则强调人的无意识等非理性因素，主张一种非理性主义的本质论。在思想史的找"人"运动中还出现过"政治人""社会人""文化人""道德人""自由人""经济人"等本质观，最迷惑人的是"社会人"的本质观，它引用马克思的那句名言作论据，"人的本质并不是单个人所固有的抽象物，在其现实性上，它是一切社会关系的总和"，我们可以分析这个问题，为什么要加这样一个限定——"在其现实性上"，显然，这不是一个定义，不能把一切社会关系的总和等同于人的本质。从《费尔巴哈提纲》总体来看，马克思这段论述的目的，不是给人的本质下一个定义，而是指出费尔巴哈无视人活生生的历史存在，忽视了人的社会属性，如果把它当成定义而漏掉精神属性，也有悖于马克思社会存在与社会意识的辩证法。人一出生，精神属性和自我意识就由弱到强地参与到人的生成这个复杂的实践运动中来了。马克思指出："任何一个对象对我的意义，恰好都以我的感觉所及的程度为限。"而且自然属性也是作为人的社会属性的基石而存在的，人的自然属性让人与人之间存在个体差异。所以说，把人的本质理解为一切社会关系的总和，是远远不够的。本质揭示人的发展变化的动力，动力一定来源于人自身内部的矛盾运动，矛盾一定包括两个方面，只看到一个方面是形而上学的逻辑，不是科学的辩证思维，如果这样，人的本质理论就有走向社会宿命论和机械决定论的风险。马克思这段名言，是提醒我们注意被费尔巴哈忽略的人的本质生成人的社会属性方面，但生成人的前提是遗传素质的差异，在不断生成人的过程中不断生成的意识也起着重要作用，一定条件下还表现为主要的决定性的作用。以往思想家在人的本质问题上陷入的误区就是强调单一属性是人的本质属性，这些思想家并非没有想到，除了他们强调的那种属性之外，人还有其他方面的属性，可是他们都不能找到联系这些属性的纽带，也就不能揭示各种属性之间的关系，这样他们就发现不了人性形成和发展的秘密。这些思想家的观点绝不是应当抛弃的、完全错误的观点，而是应当加以纠正和补充的、是片面性的观点。

马克思在人类思想史上第一次对人的本质作出了科学的界定。马克思在回答人的本质是什么时，告诉我们一个全面的、完整的人是具有自然属性、社会属性和思维属性的生物统一体。以前许多思想家就是单纯从自然属性、社会属性或精神属性出发，去回答人的本质问题，当然，结论只能是片面的。人必须同时具有这三个方面的属性，而这三个方面又不是孤立存在的，它们之间相互作用（或称交互作用）、互为因果。实践是人的本质的最高体现，从事实践活动的人，其本质必定是自然、社会、精神三大属性的统一体。考察人的一般本性时，需要分别考察人的自然、社会、精神这三个方面的统一。

马克思在论述人的本质时指出："任何人类历史的第一个前

提无疑是有生命的个人存在。"〔1〕如果说人的本质问题应当包括人与自然、人与社会、人与思维的关系的话，那么，人与社会的关系就处在其他两种关系的中项。例如，影响个性形成的因素主要是社会因素，但我们决不能排除天赋和个人努力的差异性在个性形成中所起的作用。

马克思在《1844年经济学哲学手稿》中指出："人类的特性恰恰就是自由自觉的有意识活动。"〔2〕这一思想揭示出人的一般本质，指出实践活动是人与动物最本质的区别。注意"自由自觉有意识"的提法，这是人与动物活动的最大的区别，这里所说的意识就是高度抽象的思维能力，是为人类所独有的。这里强调了人的本质中的一个方面——主观能动性的重要。

马克思在《关于费尔巴哈的提纲》中指出："人的本质不是单个人所固有的抽象物，在其现实性上它是一切社会关系的总和。"〔3〕这是马克思在人的本质三大属性统一的基础上，着重强调以往的思想家忽略了的人的本质中的客观制约性这个方面，特别是费尔巴哈的自然主义人性观忽略掉的、人的本质中最重要的社会属性。这是马克思关于人的本质认识上的突出贡献，这也告

〔1〕《马克思恩格斯全集》（第3卷），人民出版社1960年版，第23页。

〔2〕《马克思恩格斯全集》（第42卷），人民出版社1979年版，第96页。

〔3〕《马克思恩格斯选集》（第1卷），人民出版社1995年版，第25页。

诉我们，一定的社会关系是人活动的具体的、历史的形式。这里强调的是人的本质中的客观制约性这个方面。

马克思在《德意志意识形态》中清晰地表明了人的本质两方面的辩证关系，强调人既是剧中人又是剧作者，人既被环境创造又创造环境，世界改变了我们，我们也改变世界。人的本质是实践活动，而实践活动是客观因素和主观因素的具体的统一。

考察人的本质，一定要牢牢抓住人的本质是自然、社会、精神三大属性的统一这一观点，才能得出科学的结论。

（一）人的自然属性告诉我们，人的实践本质具有客观性、物质性的特征

在人的发展变化过程中决不能忽略天赋的影响，这是这一思想的外展，清人赵翼论诗，便有"到老方知非力取，三分人事七分天"的感慨，这不是鼓吹天才论，而是坚持实践论上的唯物论。爱迪生说，"天才，百分之一的灵感，百分之九十九的汗水"，其实他接着说了下半句，"但那百分之一的灵感是最重要的，甚至比那百分之九十九的汗水都要重要"。有一次范增与陈省身对话说的也是这个意思，范增问："人们对大师之产生各有所说，你做何解？"陈省身说："一半机遇，一半天赋。"范增又问："努力其无用乎？"陈省身说："每个人都在努力，与成为大师是关系不大的，成功和成为大师是两回事。"可见，在人的本质力量占比中，对于天才和白痴而言遗传素质的影响是巨大的，对有些特殊的领域，遗传的影响也大，但对绝大多数人，对普通的领域而言，遗传不是主要的、决定性的。

（二）人的社会属性告诉我们，人的实践本质具有社会性的特征

这是马克思人的本质论中的显著特点，这提示我们在人的成长过程中，环境影响起着至关重要的作用。人是社会的细胞，人与社会在实践中的相互作用构成人与社会发展的根本动力，社会属性是人最重要的决定性属性，人类的自然需要只是人类需要体系中底层的一部分，而且它的满足要依赖社会方式来实现。人之为人，就是要用"非自然"的社会方式来满足自然需要。许多问题从这个点切入能得到很好的说明，如：有研究表明决定大多数人长寿的最大因子是好的人际关系，这对我们理解社会属性是人的最本质属性是有很大启发的。还有，仔细考察我们会发现，农业文明与工商文明两种不同的社会形态对人的影响也很大。生产关系中的产权保护制度对人的劳动积极性的影响是巨大的。不依人们主观意识为转移的人的活动依赖的社会物质生活条件对人的影响，使人的社会性表现出不同利益集团具有不同的阶级和阶层属性。人的本质力量推动人性的发展变化，马克思认为人的本质是人的社会实践活动，社会实践是社会存在和在此基础上产生的自我意识构成的矛盾体系，是受动性与能动性的统一。从受动性角度而言，**社会属性是人最重要的属性**，社会存在既是人的自

然存在的根源，又是人精神存在的前提，这就是马克思说的"在其现实性上，社会关系总和对人的发展变化起非常大的作用"，所以我们实现自我价值一定要把小我融入祖国的大我、人民的大我之中，爱国是本分，离开祖国需要和社会需要，任何孤芳自赏都会陷入越走越窄的狭小天地，年轻人要把自己的梦想融入祖国的需要之中，"躲进小楼成一统"是难以真正获得人生快乐的。

（三）人的精神属性告诉我们，人的实践本质具有能动性的特征

这是坚持实践论上的辩证法，这提示我们在人的成长中自我努力的重要性，而且意识的能动作用在人的生成进程中是逐步加强的。时势造英雄，英雄也在造时势。朱荣英撰文指出："黑格尔、费尔巴哈、海德格尔以及马克思把握人的本质理论的支点是不同的，所以形成了各不相同的四种理论，即黑格尔的精神生存论、费尔巴哈的自然生存论、海德格尔的非理性的个人体验生成人的本质以及马克思的实践生存论。马克思从社会实践出发，去把握人的完整本质。在马克思看来，实践是人的存在方式，实践构成了人的整体性本质，这个整体性本质包括三个方面：在人与物的关系上，人是能动的自然存在物；在人与人的关系上，人是社会存在物；在人与自己的关系上，人是有意识的类存在物。"[1]

---

[1] 朱荣英："论人的生存与人的本质"，载《河南大学学报》2001年第6期。

要充分认识到意识在实践活动中的特殊性，正像毛泽东指出的，主观在一定条件下"决定"客观。在人动态的实践过程中，**不夸大也不缩小意识在人的实践中的能动作用，是世间最微妙的事，也是世间最难的事**。真理往往向前跨一小步就变成谬误，在临界点上主观能动性夸大一点就有可能"左倾"冒进，缩小一点就有可能"右倾"保守。不同行业、不同时间、地点和人生的不同年龄段，主观能动性在人的本质力量中的占比都会动态变化，有时占90%都不能说是唯心，有时占10%就可能是唯心，不夸大，不缩小，恰如其分是在反复的实践活动中才能掌握的高超的方法论。在人的本质力量对比中，要正确评价精神的力量是一件非常复杂的事，在人的发展成长过程中先天的质地（大脑）在早期环境的刺激下产生意识，但在人后天的生成中在一定条件下会表现为主观决定客观，如：许多例子可以证明意念和暗示可以对机体产生不可抗拒的影响和塑造作用，自我暗示对一些疾病的治愈有非常神奇的疗效，这门古老的学问值得深入研究。有些想象会像真实的存在一样对人的幸福产生影响，"杯弓蛇影"就是反面的例证。具体到人，在"三观"形成后，在推动人的命运轨迹的运行中"心力"的影响就很大，在"不逾矩"的情况下，人可以"从心所欲"。在人心智成熟的时候，心态成为健康的决定性力量也是这个道理。后物质时代，对幸福的影响上精神大于物质也是这个道理。从历史发展的前提和基础的角度看，归根结底，社会存在决定社会意识，物质需要无疑是最基础的；但从历史发展的归宿的角度看，精神需要将越来越重要。

人的自然属性、社会属性和精神属性的统一构成人的本质属性，这些属性表现在人的实践活动中便是实践的客观性、社会性和能动性。人的三大属性在人的实践活动中达到统一，因此我们说，实践活动就是人的本质最集中的表现。实践是一种活动，这说明人的本质只在人类活动中表现出来，也只在人类活动的过程中发生变化。人的本质变化的根源就在于组成人的本质的各个属性之间的矛盾运动，生物本性、社会和文化要素三者之间常常互为因果、交互作用。人的自由而全面的发展就是人的三大属性的自由而全面的发展，而人的异化就是人的三大属性的割裂和片面发展。人就是在实践活动中不断生成的历史存在物，正是由于天赋差异、社会关系的不同、努力程度的不同以及构成的社会实践活动的不同才形成了自己的独特个性。对人的本质的理解，要抓住实践活动这根主线，以动态实践的思维方式代替静态实体的思维方式。我们不致力于寻找一种超验的实体，捕获一劳永逸的世界"终极真理"。从人类在实践中的状态来看，抓住这条主线实质上就是抓住人的主观能动性和客观制约性的统一。因为实践是永无止境的过程，人就是在这个过程中不断创造新的自我。所以，人性永远是个开口向上的、开放的、复杂的系统，人本身始终处于不断生成的未完成状态，社会发展的规律从某种意义上说就是人的实践活动规律。人的三大属性——自然、社会、精神属性对应社会三大形态——经济、政治、文化。马克思主义人学本质上就是实践人学，英国哲学家培根说过"知识就是力量"，几乎无人不知，其实这是一句话的上半句，培根的下半句更为精彩："然而，使用知识需要更高的技能，这种技能只能通过实践，从亲身的体悟中得来。""儒学也好，佛学也好，都是人生实践之学，不仅仅是一种思想，更是一种生活。"《论语》中最重要的字之一是"习"字。"传不习乎"，你传授给别人的东西你实践、践行过吗？"性相近，习相远"，人一出生时本性接近，后天实践活动造成人与人的巨大差异。"学而时习之，不亦乐乎"，把学到的东西拿到实践中去应用，你会得到新的体验和感悟，这是人生一大喜悦！孔子重"习"，乃践行之意也！

二、人的本质只有在人类的实践活动中才能表现出来

人性变化的根源就在于组成人的本质的各个属性之间的矛盾运动，三者之间常常互为因果、相互作用。人的自由而全面的发展就是人的三大属性自由而全面的发展，而人的异化就是人的三大属性的割裂和片面发展。

人就是在其从事实践活动中不断生成的历史存在物。人正是由于天赋差异、社会关系的不同、努力程度的不同，从而构成不同的社会实践活动才形成自己独特个性的。人的本质是我们认识人和社会的一把钥匙。

在此我们要澄清对马克思人的本质的一些误读：

（一） 对人的本质的误读之一

在谈论人的本质的时候，人们受马克思在《关于费尔巴哈的提纲》中著名论断的影响，即"人的本质并不是单个人所固有的抽象物，在其现实性上，它是一切社会关系的总和"，[1]往往把社会性看成人的本质的唯一属性，而没有看到自然属性是融入社会属性、渗透精神属性之中的，简单地把它看成是同动物自然属性一样的东西，将其排斥在人的本质之外，也将人是理性动物这个古老的哲学命题打上唯心主义的标签，并轻易抛弃了。我们决不能在倒洗澡水时连孩子也一块儿倒掉，在批判唯心主义时，不能抛弃人的本质包括人的精神属性这一深刻思想。精神属性非常重要，因为"主观在一定条件下决定客观"。真理只往前迈出一小步就变成谬误，强调主观能动性和唯心主义也就是这一步之差。

有的人只强调人的社会属性，轻视人的自然属性，忽略人的精神属性。事实上，社会属性仅仅是马克思强调的"现实的人"的一个最重要的方面，但社会性不能代表"现实的人"的全部。通过马克思人的本质的基本观点，我们可知"现实的人"应当是有物质需要、社会需要和精神需要的全面发展的人。首先，"现实的人"作为自然的存在物，为了生存必须从事实践活动，

---

〔1〕《马克思恩格斯选集》（第1卷），人民出版社1995年版，第25页。

谋取利益，正如马克思所说："为了生活，首先就需要吃喝住等以及其他的一切东西……现在和几千年前都是这样。"[1]其次，"现实的人"应当是具有社会需要的，"只有在社会中，人的自然属性存在才成为人的属性存在"。独立于社会之外的真正意义上的"人"是不存在的，人的发展不可能在"真空"中进行！最后，"现实的人"还应当是具有精神需要的人。智慧之花是地球上最美的花朵，人在精神上渴望真善美，需要信仰。

全面理解人的本质理论，可以使我们的教育回归于"现实的人"，从而促进人的全面和谐发展，真正做到以人为本。也就是说，作为一个完整的人，占有自己全面的本质。

（二）对人的本质的误读之二

人们片面理解了这句话："人都是生活在一定社会、一定历史条件下的人，因而是社会的人、历史的人，只存在具体的人性、人的本质，不存在超历史的、超阶级的、抽象的人性与人的本质。"[2]本性不等于人性，人的一般本性是一种形式上的抽象的规定性。由于人本质（即实践）的作用，人的历史的、变化了的本性即是人性。是的，只存在具体的人性，正像世界上没有

---

[1]　《马克思恩格斯选集》（第1卷），人民出版社1995年版，第32页。

[2]　林剑："马克思主义人学四辩"，载《学术月刊》2007年第1期。

两片完全相同的树叶，也没有两个完全相同的人，但对人的理解，首先应从认识人的类特性开始，即从使人和动物区分开来的、从而使人成其为人的类特性开始。类特征是一切人普遍具有的共同属性的总和，本质上是对人性的科学抽象。实际上，马克思对抽象人性论的批判不是简单的否定，而是"扬弃"。资产阶级抽象人性论的错误，与其说是对人性与人的本质作了抽象的理解，不如说他们仅仅对人性、人的本质作了抽象的理解，他们的错误在于其理解的片面性。具体是相对于抽象而言的，两者是辩证统一的关系，没有一方面的存在，另一方面的存在也就成为不可能，人性、人的本质应当是具体与抽象的统一。科学的抽象，对事物的把握有十分重要的意义。

在马克思之前的人性理论，确实犯了只从抽象方面去理解人性与人的本质的错误，片面强调人性与人的本质的不变性与永恒性，并将这种不变性、永恒性作为其理论建构的逻辑前提。我们在批判抽象人性论时，决不能只强调人性、人的本质的具体性，不讲抽象性，这是另一种片面，也是应当否定的。马克思在《资本论》中明确主张在研究人的本性时，"首先研究人的一般本性，然后研究在每个时代历史地发生了变化的人的本性"。[1]马克思反复强调的"类特征"就是人的一般本性。人的一般本性从纵的方面看，是历史发展过程中人身上的稳定的属性；从横的

---

〔1〕《马克思恩格斯全集》（第 23 卷），人民出版社 1972 年版，第 669 页。

方面看，是不同社会集团的人的身上的普遍属性。人性的发展史就是一部在继承中不断发展的历史。

人性与人的本质是常驻性与流动性的辩证统一，是变与不变的统一。人性、人的本质一定是变中有不变、不变中有变，流动中蕴含着永恒的。我们在强调人性、人的本质的具体性时，不要从一个极端走向另一个极端，忽视人性、人的本质的抽象性与不变性的一面。

三、正确解读人性、人的本质的现实意义

（一）人的本质理论的正确解读，有利于树立正确的人生目的

正确的人生目的应是追求人类的幸福。马克思在中学毕业时所写的论文《青年在选择职业时的考虑》中指出："我们选择职业时所应遵循的主要指针是人类幸福和自身的完善。"但是要认清什么才是人类幸福，必须认清人性、人的本质。人是三大属性的统一，人类幸福必须是人们在自然属性、社会属性、精神属性三个方面的需要得到自由而全面的发展与满足，幸福就是使这三者得到和谐统一。具体到个人就是关心他们自然性引出的健康安全；社会性引出的人际交往、社会尊重与爱；精神性引出的求知、审美、理想信仰的树立的需要。使三大属性全面和谐发展，满足正当的物质需要、社会性需要和精神需要。人的本质是实践

活动，人只有投身到实践活动中去创新才能体会到生命发展的幸福。

（二）人的本质理论的正确解读，有利于树立积极而轻松的人生态度

人的本质理论告诉我们，人成为什么样的人取决于三大要素，自然属性中的天赋如何、社会属性中的环境条件如何、精神属性中的自我努力如何，是构成人以后是什么样的人的三个动因！这三个动因又可以概括为主观能动性和客观制约性两个方面：人的自然属性中的遗传天性、社会属性中继承下来的主观努力也很难改变的社会关系均构成对人的客观制约；主观能动性是指精神属性中人可以发挥的自由意识和后天环境中通过努力可以改变的部分。人的实践活动在结构上是主观能动性与客观制约性的对立统一。人的本质告诉我们，人的实践活动的内在结构是一个由客观制约性和主观能动性组成的矛盾系统。正确处理两者的关系是人生最大的智慧，这两个方面从人诞生的那一天起，自始至终都是相互作用、互为因果的对立统一关系。人生早期客观制约性是矛盾的主要方面，一般地表现为起主要的决定的作用；然而，随着人的成长和成熟，主观能动性中思想、精神、世界观和人生观这些方面，在一定条件下又变为矛盾的主要方面，表现为起主要的决定的作用，这时人的主体性是人性中最集中地体现人的本质的部分。"在人的实践活动中，客观制约性与主观能动性是一种双向对流的过程，两者不仅互为条件，而且彼此渗透。人既是社会存在物，其本质受着既定的社会关系的制约，又是能动的存在物，其本质又由自由的主动性加以规定，就是在这种矛盾运动过程中，人扬弃自己的社会存在，而获得一种历史存在。马克思给人的本质下过诸多规定，有时强调人的本质的客观制约性，有时又强调人的本质的主观能动性。马克思在强调不同方面时，是根据论述问题的特定情景而阐发的，但更多的情况是从两者的统一来解释人的本质。对人的本质的两个方面，必须从具体统一观点来看，两者哪方面在特定的时空中起决定作用，要具体问题具体分析。有的时空中客观制约性起主要的决定的作用，有的时空中主观能动性起主要的决定的作用。正像毛泽东在《矛盾论》中所说：生产力、实践、经济基础，一般地表现为主要的决定作用，然而，生产关系、理论、上层建筑这些方面，在一定条件下又转过来表现为主要的决定的作用，这也是必须承认的。"[1]知道人的本质力量的动力系统，我们的人生态度就应该追求而不强求，为所当为、顺其自然。认清自我先天素质和后天条件同别人的差异，然后在此基础上做到最出色、最好的自己！积极而轻松乐观地走在自己的人生旅途上！这种人生态度，正是由于认清了人的本质是人三大属性的统一体，知道左右人命运的力量有三股，一股是自然属性中的遗传，一股是社会属性中的各种社会关

〔1〕　袁贵仁主编：《人的哲学》，工人出版社1988年版，第68～84页。

系，再一股是精神属性中的自我意识。正确认识人的本质，树立正确的人生态度，为所当为、顺其自然，既轻松又积极地走在自己特色的人生大道上。注意，这里的"顺其自然"实际上是你用尽心思开发自己的先天和后天有利条件后对此时后果的坦然接受，不是你不努力、随波逐流、懒散的借口。

美国著名心理学家塞林格曼提出影响幸福的三个要素：**先天的遗传素质＋后天的环境＋你自己能主动控制的力量**，这就是从人的本质中引申出来的。人生态度就是人以怎样的心态去实现人生的目标，正确认识人的本质才能树立积极乐观的良好心态，而良好心态是和我们一生相伴的最好的礼物。米卢的两句名言，"态度决定一切"和"快乐足球"就显示出大智慧！做任何事，人都能左右自己的态度，把这个主观能动性发挥到最佳了，胜败就是第二位的事了，这时足球就是快乐的游戏！在任何环境中，人都有一种最后的自由，就是选择自己心态的自由，好多的东西我们都把握不住，那就把握住自己的心态，不要让他人轻易左右你的情绪。

可以看出，马克思"人性、人的本质"思想是我们树立正确的人生观的理论基础。

（三）通过人的本质理论我们还可以洞察命运的运行轨迹

周作人在《苦茶随笔》中写道："我近来很有点相信命运。

我说命，这就是个人的先天质地，今云遗传。我说运，就是后天的影响，今云环境。二者相乘的结果这个定数就是命运。"是不是像他所言，人一生的遭遇都是遗传加环境的必然结果？显然，我们否认这样一个说法。从因果关系上看有点困难，因为命运因果链条最早的"因"正是由这两者相互作用引起的。稍有生活常识的人就会说，左右人的命运的力量还是意志自由呀！根据我们自身的体验，确有所谓"我想如何如何，我能如何如何"，但是你觉得是自发地想如何如何，其实并不是自发，因为你想这样而不想那样还是有原因的。意志所谓自由，在时间的顺序中，我们很难证明它不受前因的影响。举个例子，在人的品德形成的过程中，意志主要是指他的思想、行为习惯、兴趣爱好以及个性方面的其他品质，而这些也主要是在过去环境和遗传的相互作用影响下形成的。但我们又决不能否认人特有的意志力。有三种力左右人的命运，即自然属性中的遗传、社会属性中的各种社会关系和精神属性中的意志，冯友兰认为，人生的成功必须具备三种因素：才、力、命。才即天资；力即努力；命即机遇或环境。作家二月河把人的成功归结为三气：才气、力气、运气。一个人的性格、气质都是经历的产物，经历决定性格，性格决定命运，说到底，还是经历决定命运。深问一句，是什么让人有不同的人生经历？我想从根儿上说还是三样：天赋、环境和勤奋。经历硬要细分的话可以分为三种：生活经历、感情经历和文化经历。经历实际上是个人的历史，知史以明鉴，真正了解一个人，也必须了解他的经历，特别是小时候的经历，童年的经历往往会贯穿生命的首尾。

三种力在命运这一轨迹展开的整个过程中，自始至终都是相互作用、互为因果的，并不断地发展变化。但在人生的初始阶段，人还是一张白纸，内在自我意识还是一个很嫩的芽，相互作用力还不大，这时显现出的，正像周作人先生所言，环境和遗传的作用明显一些，而且这时形成的积淀往往成为后果之因，前一时的很小很小的因，常常会导致后来很大的果。意识最初是由带着全部先天因素的主体在出生后与外在的环境相互作用形成的，这个结果一旦形成，就成为意识下一次选择的因，两者在人发展的时间长河中永远互为因果，相互作用。如果后天的环境中没有遇到更大相反原因的纠正，人是极易沿着良性或恶性循环的轨迹下滑的，这就是古人洞彻到而提醒世人的"三岁看大，七岁看老"。我们甚至可以说，人生一世，大部分人成为这样的人而不成为那样的人，格局、方向是和家庭和早期教育有很大的关系的，要不为什么说"一个人很难走出童年"，所以孟母要三迁，等他们有完全独立的自我意志时，往往世界观、人生观已经定型。因此，系好人生的第一粒扣子是人生极其重要的大事。在人生早期，有不良品质影响命运，主要是"父之过，师之惰"。但是，我们还要看到另一方面，在人生的命运展开的动态的相互作用中，内在的自我意识像春起之苗，"不见其增，日有所长"，慢慢大到"江山易改，本性难易"的程度，再大到他心目中有了自己的"上帝"的程度。这时自我意识对命运的影响力就很大了，可以说这时自我意识对自己的人生起主要的决定性的作用。注意，这不是唯意识论，而是物质与意识关系的辩证法，机械地理解物质决定意识，认为意识永远不可能起决定作用是形而上学的思维观。世界观、人生观成熟后，心外无物，你只能在你意识到的社会关系中选择，所以人要多见识，勤思考，主客观相配合决定你的选择，你选择什么思想，决定你有什么行为，行为又决定习惯，习惯决定性格，性格决定命运。意识成熟了，也只有在这时，"法律要求个人对自己的行为负责"才显得入情入理。但从因果链条的最前端看，环境中的各种社会关系的总和与人的先天质地，还是影响命运的最早的主因。

人的本质是受动性和能动性的统一，人的先天遗传基因和后天意志以外的环境因素必然构成对人发展的制约，但这种制约性的大小是一定要经过青春奋斗之后才能显现出来的，所以说"奋斗是青春最亮丽的底色"。但人的本质毕竟是客观制约性和主观能动性的统一，人的能力有大小，立足本职工作岗位，"人人尽展其才"，"止于至善"，就展现出了中华民族始终不变的精神追求。有了这种精神追求，用毛泽东的话说，你就是一个高尚的人，一个纯粹的人。因为本职工作岗位的社会服务对象就是每个人要面对的大我，交出让你的社会服务对象满意的答卷，就是小我融入大我。这些平凡的道理中都蕴含着马克思人的本质的学理。

"谋事在人，成事在天"这句老话，其实显示了我们民族洞彻命运的智慧。这里的"天"就是指遗传和环境对人的客观制约性，它提供一个人发展空间的上下限；这里的"人"就是可充分发挥的主观能动性。这个"天"让你不得不相信命，生下来不一样的就是命，如长相美丑、身体残缺、天资高低、出身贫贱、天时好坏和地势优劣。运气的好坏也有命的成分，这里确有主观意志以外的巧合。对于这类命，如果感到不满意、怨恨，真是连"冤有冤的头，债有债的主"也找不到，在这个意义上，人类从来就没有起点相同的所谓公平竞争，人们都注定是在一块有差别的土壤上耕耘。怨，难免，却于事无补，但人是万物之灵，是地球上唯一有自我意志的动物，虽不能说人定胜天，却可以"以人力补天然"，"谋事在人"说的就是这层意思。这就要求命不好的人比命好的人要多付出，此谓勇于同命运竞争也！同时又要清醒，不做超越客观条件的虚无幻想，心思主要花在开发自己先天和后天的有利条件上，此谓善于同命运抗争也！人是地球上唯一有自我意识的动物，这是人的伟大之处，也是人的可悲之处，因为命运中一切悲剧都源于夸大或者缩小自己特有的主观能动性。自卑与自大是一根藤上结下的两个苦瓜。

"谋事在人，成事在天"是清醒的畏天命，让我们追求而不强求，认清自我先天素质和后天条件同别人的差异，也就是认清自己的特质的"命"，然后在此基础上做到最出色，就可以在事情结束时问心无愧地说"我已经尽力了"。只见"成事在天"，因懒惰而自欺就有了借口；只见"谋事在人"，就会盲目地攀比他人是否比自己更成功，或使你妒忌别人，或使你走进人生最深的陷阱——"自卑"之中。"谋事在人，成事在天"，会让你保持一颗平常心，积极而又轻松地走在自己的人生旅途上，我们只有认清人的本质，才能看透命运的轨迹的动因。

（四）马克思人的本质理论可以为我们分析问题、解决问题提供科学的方法论

马克思人的本质理论告诉我们"全部社会生活在本质上是实践的"。[1]给我们的平凡生活带来的最大智慧是：实践是人的存在方式，实践出真知，实践长才干，我们既要勇于实践，又要善于实践。马克思人的本质理论可以为我们分析问题解、决问题提供科学的方法论，即掌握理论和实践的辩证关系。

人有三大属性：自然、社会、精神。社会属性是主要属性，也更重要。使人的抽象的三大属性转化为每个人具体的三大属性的是人的社会实践，它把不同的人和人相互区别开来，打个比方的话，自然属性是人性的根，社会属性是人性的茎叶，精神属性是人性的花果。黑格尔在《逻辑学》中指出，本质是实存的根据，人的属性回答"是什么"，本质回答"何以是"。人的本质在实践活动中是不断发展变化的，不同时期的人、不同行业的

---

〔1〕《马克思恩格斯选集》（第1卷），人民出版社1995年版，第56页。

人，人的本质矛盾的主要表现是不同的，表现为不同时空条件下遗传、环境、自我意识在主要方面的切换，总体上看，环境中的社会关系更突出。人的本质是客观制约性与主观能动性的矛盾关系。费尔巴哈指出本质是使一个事物成为这个事物的那个东西，根据这个东西，它才像它现在这个样子存在和活动。人的本质是人性的根据，人性是人的本质的表现形态。人的本质是现实的人的属性产生、发展和变化的根据，具体人性主要是由具体人的社会实践的性质和水平决定的。

四、本性、人性、人的本质三者的区别和联系

（一）区别本性和人性

"性相近，习相远。""性"，指本性，不是人性。本性就是抽象的共同性，是相近的，但经过错综复杂的互为因果的人的本质力量合力的塑造，人性则显现为具体的、丰富多彩的，是共性与个性相统一的人性现状。在人的本质力量的内在结构中，马克思认为遗传上大多数人相差无几，而自我意识在生命之初主要表现为受动性，能动性的力量还不明显，社会存在决定人的意识的方面明显，而意识的反作用力不大。从这个现实状况出发考察，故得出"在其现实性上"是社会关系的总和的结论。但我们绝不能片面强调人的本质力量就是由单一的力——社会关系决定

的。区分人性、本性和本质三个词，才能更好地理解毛泽东在《在延安文艺座谈会上的讲话》一文中指出的"只有具体的人性，没有抽象的人性"。一般的、抽象的、共同的本性正是在人的本质力量之下形成具体的人性。

（二）　人的本质与人生的基本矛盾

马克思的人的本质理论揭示了人生的基本矛盾就是贯穿人一生的主观能动性和客观制约性的矛盾。马克思在《1844 年经济学哲学手稿》中侧重从主观能动性方面谈人的本质，认为人的本质就是人的自由自觉的活动；而《关于费尔巴哈的提纲》则从客观制约性方面谈人的本质，认为人的本质在其现实性上是各种社会关系的总和；在《德意志意识形态》中马克思清晰地表明了两者的辩证关系，强调人既是剧中人又是剧作者，人既被环境创造又创造环境，世界改变了我们，我们也改变了世界。实质上人生基本矛盾就是思维和存在的关系这一哲学的最高问题，也是主客观统一这个哲学的中心问题在人学中的体现，在这个意义上我们说人的本质问题是人学的核心问题。人的本质是人性变化的动力源泉，也是社会发展变化的内在源泉和动力。马克思人学的全部思想的契机就在于分析人的主客观的双重存在，确定作为人的双重存在统一的实践活动为人的本质。杨寿堪老师指出："在这个矛盾运动中谁决定谁的问题不是一个'时间在先'的简单唯心唯物之争，而是复杂的'逻辑在先'问题。"逻辑在先，是西方哲学家使用的一个重要概念，它从逻辑关系和道理上，来阐明思维与存在、精神与物质何者为根本、起决定作用，这里是决定与被决定的关系。掌握这个概念有助于理解唯物主义与唯心主义论的实质。以往我们论述唯物主义与唯心主义之间的争论时，往往把逻辑在先与时间在先混为一谈，认为唯物主义主张思维、精神第一性，就是主张思维、精神在时间上先于存在、物质，这完全是一种误解。黑格尔哲学体系中的理念、概念在先，不是说先有概念、理念，然后才有自然事物，黑格尔说得很清楚，自然物在时间上是最先的东西。"没有在感觉中的东西，不是曾经在思想中的。"这句话就广义而言，是说思想、精神是世界万物的根源。我们绝不是不承认"没有在思想中的东西，不是曾经在感觉中的"。[1]从辩证的观点看，有的领域、有的时间段是存在决定思维，存在起决定作用；有的领域、有的时间段思维则是起决定作用。如一个人的人生观一旦形成，相对牢固，就会对同一存在有不同的价值取舍，这就表现为思想是其改变的根本动力。永远都认为存在决定思维的观点，并绝对化，认为什么情况下都是存在起绝对作用，这就是机械的社会环境决定论和社会宿命论，这无疑是一种形而上学的思想方法。所以我们需要根据具体的时空关系，具体问题具体分析，不夸大也不缩小意识在人的实践中的能动作用，这是世间最微妙的事，也是世间最难的事。

---

〔1〕 杨寿堪："论'逻辑在先'"，载《学术研究》2004年第4期。

人是自然属性、社会属性和精神属性的统一体。决定一个人发展过程的是三种因素：①个人的自然属性中的遗传素质（天赋）；②社会属性中的境遇（机遇）；③个人意识（自我努力程度）。前两者体现个人发展的客观制约性，后者体现主观能动性。个体本质就是由个人所持有的自然素质、社会境遇和个人意识三个方面交互作用、共同决定的。

周国平在学习毛泽东《实践论》时，发现在实践概念下隐藏着太复杂的问题，其中最大的问题是："实践是人与环境相互作用的过程，但要阐明人与环境是怎样相互作用的却是一件难事。比如说，一个人成为什么样的人，是遗传加环境的结果，二者都是被决定的，他自己究竟有什么自由？人有凌驾于一切因果关系的自由意志吗？"[1]在这个问题上我发现人常常陷入"人是环境的产物"和"意识支配世界"的二律背反中。人的命运轨迹是在哪几种力的作用下划出的？它们之间是什么关系？马克思关于人的本质的思想使我一下子抓住了思考人的命运的关键，实际上探索人的命运有赖于对人的本质的科学认识。在马克思诞生以前，人们对人的本质始终缺乏正确的认识，马克思对人的本质给予的解释，才使我对了解人的命运有了清晰的思路，帮助我们看清人性发展变化的规律，科学地回答了是我们改变了世界还是世界改变了我们的疑惑。人首先是环境的产物，然后才能改造环

---

[1]　周国平：《岁月与性情：我的心灵自传》，长江文艺出版社2004年版，第77页。

境，因为意识归根到底是由社会存在决定的，又反作用于人的社会存在，推动人的发展。随着人的成熟和发展，意识的能动作用力会递增，有的地方、有的时候还会起决定作用，这时人掌握命运的自觉性也会递增，但怎么"随心所欲"也会"不逾矩"。

马克思关于人的本质的科学论断是："人的本质并不是单个人固有的抽象物，在其现实性上，它是一切社会关系的总和。"马克思关于人的本质的论述同恩格斯"劳动创造了人"、毛泽东"实践出真知"的论述是统一的。怎样统一的呢？关键是对"在其现实性上"这六个字的理解，如果像有的教科书根本不提这六个字，只讲人的本质是一切社会关系的总和，这是对马克思关于人的本质认识的误解。我们对马克思关于人的本质是自由自觉的活动在结构上进行深入分析，知道人的这一活动在结构上是主观能动性和客观制约性的对立统一，而客观制约性主要就是社会环境中一切社会关系，至于人的主体，即遗传对人的客观制约性，除去白痴和天才，对绝对大多数人、大多数领域而言差异是不大的；而主观能动性从发生学意义上说也是在一切社会关系影响下形成的，李德顺教授指出："如何理解人的本质、人的存在与人的意识，马克思结束了以往'人＝肉体＋精神＝有思想的动物'这种两分法归结方式，而且发现并揭示了人有特有的深层本质——人的社会存在本质。"[1]人的社会存在既是人的自然存在的

---

〔1〕 李德顺："马克思主义哲学在当代"，载《北京行政学院学报》2005年第2期。

根源，又是人的精神存在的前提和基础。这是之前的思想家所忽略的人的本质的最重要的方面，正是为了强调这一点，马克思说："人的本质并不是单个人固有的抽象物，在其现实性上，它是一切社会关系的总和。"人的本质是受动和能动的统一，这就是我理解的马克思这个论断的含义所在。

（三）人性与人的本质的联系

马克思的人性理论的着眼点在于研究人的需要，研究人是什么样子；而人的本质的着眼点在于研究人为什么是这个样子的动因，人性讲人是什么样子的。整体而言，人性是怎么从动物性中超拔出来的？个体而言，人性为什么如此的复杂，个性迥异？是什么原因造成的呢？人性是知其然，人的本质是知其所以然，追问发生的动力和原因，只有弄清人的本质我们才能分析人生和社会的一些现象。人有三个属性：自然属性、社会属性和精神属性。人的需要有多个层次，这是人性发展的概貌，但每个人人性的面貌在其现实性上是具体的、变化的，满足人的需要的手段也是多种多样的，人的本质是追问决定人性的面貌和发展的动力及满足人的需要的手段之所以不同的原因。有人认为这个动因是"理性"；有人认为是"自私之心"；有人认为是"自爱之心"；有人认为是"上帝给人注入的神秘的自我意识"；有人认为是"爱"的情感；有人认为是"对自由的追求"；有人认为是人所特有的"创造性"。这些思想家总是在静态的人性中寻找人的本质，例如：创造性是人性的最高表现形式，是人主观能动性的最高表现形式，但这不是人性发展最终的动因，因为我们还可以追问人的创造性是从哪里来的，人的智慧是从哪里来的。是从天上掉下来的吗？不是。是头脑中固有的吗？不是。是上帝给的吗？不是。人的一切都是从社会实践中得来的，而社会实践是一种动态的过程，这样对人的本质的考察就从静态转入动态。社会实践发展的深度和广度是一个由低到高的过程，所以人性的发展也是一个由简单到复杂的过程，具体到个人，实践活动决定你的人性的面貌，不参加实践活动就没有形成人性的动力。人的实践活动的内在结构是一个矛盾的系统，是社会存在（包括人先天的遗传素质和后天的各种社会关系的总和）及其基础之上的自我意识这两个方面对立统一的矛盾系统，这两个方面从人诞生的那一天开始，自始至终都是相互作用（或称交互作用）、互为因果的，二者是对立统一的。这样我们就可以看出人的实践活动是由三个方面组成的：生物因素、社会因素和精神因素。从生物因素看，在人类社会中除了少数天才和白痴以外，绝大多数人的原始差异不大，精神因素的反作用力是很大的，我们每个人都可以举出大量的事例；但从决定论的角度而言，还是社会存在决定社会意识。所以说对人的本质起决定作用的还是社会因素，也就是各种社会关系的总和。如果说人的本质问题应当包括人和自然的关系、人和社会的关系以及人和思维的关系的话，那么人和社会的关系便是其他两项关系的中项。人的自然属性、社会属性和精神属性表现在实践活动中，便是实践的客观物质性、社会性和能动性。人的自然、社会、精神三个方面的属性，在人的实践活动中达到了统一，因此实践是人的本质最集中的表现。但是我们要知道人的意识一旦确立，就有相对而言的独立性，在人性的发展中所占有的比重也就越来越大，但又不能无限夸大，陷入唯意识论的泥潭（人有大胆，地有多大产），心学、自得之学的天敌也是主观上自以为是。人的一生的实践活动是变化的，所以人的具体的人性也是发展变化的，因为人的实践活动各内部要素之间相互作用太过复杂，人性必然也是十分复杂的，在人性问题上我们一定要坚持共性与个性的统一。人的本质不是一个实体，不是静态的主观抽象，而是实践活动，其内部永远是主、客体之间相互作用、互为因果，一方面是英雄造时势，另一方面是时势造英雄。只看到一个方面或者是唯意识论或者是机械论，而人的本质是主观能动性和客观制约性的对立统一。人的自我意识一旦形成，就有相对独立性，对人的影响是很大的，当你认识到创造性的需要，追求自由是人性的最高表现形式，你就会克服困难去追求它，你就会把智慧、勇敢、节制和协作看成美德。人的本质和动物的本性的不同，从主体性而言，人有自我意识而动物只有本能，人有主观能动性，人的本质是个动力系统，在人脑中一刻不停地进行着社会存在和社会意识的相互作用，只从一个方面寻找人的本质，如从意识中找，只能是抽象的人性论，如：认为意识中的理性是人的本质的话，那么理性是从哪里来的呢？人的本质岂不是成了无源之水、无本之木？人的本质是一个发生学意义上的概念，以生产劳动为核心的社会实践，不仅是区别人与动物的根据，也是探索人与人共性与个性的根据。人的社会实践决定人的性质、面貌和发展的根本力量，马克思的全部思想的契机就在于以劳动为核心的社会实践的发现，为我们研究命运运行轨迹提供了科学的根据。

黄楠森在 2007 年人学学会上曾经讲："人的活动不断积累，不断改变着人的存在，人的活动是动态的。人的活动必然产生很多成果，这些成果沉淀下来，又积累起来，就是某一活动时段现实的人或人的现实存在。现实的人的存在的具体内容是什么呢？具体分析起来，现实的人不外乎三种存在：自然存在、社会存在和精神存在。"梁漱溟先生在《这个世界会好吗？》中说："人类面临有三大问题，顺序错不得。先要解决人和物之间的问题，接下来解决人和人之间的问题，最后一定要解决人和自己内心之间的问题。"要想平静和幸福，我们内心的问题终究无法回避。

人性强调人是什么样子的，即表现形态，而人的本质强调人为什么是这个样子，即这种表现的根据。西方传统人学之所以对人的本质的回答是错误的，其病根都在于将孤立观察人类个体所得到的人与动物之间外在的表象区别归结为人的本质，而没有进一步追问造成这种区别的现实根据。自然属性归结论（感性欲望）、精神属性归结论（理性、求知等）和社会属性归结论（政治动物），这些探索有意义，但片面。人的复杂性的实质在于他是一个由多种要素（和关系）相互影响、相互作用而形成的矛盾统一体，必须用现代科学系统论、整体论的方法，坚持结构学与发生学相统一、唯物和辩证法相统一的原则。人性把人和动物区分开，人的本质则可以把不同的人区分开，是个性形成的原因。人的本质是指人何以成其为人，更为重要的是它是人与人彼此相区别的根据和原因，不仅探讨人的天赋差别、社会等级差别及差别背后的社会历史根源，还强调人的主观能动性的特性。不能只抓住马克思特定语境下的个别论断，关键是从整体上完整理解马克思的社会实践本质论（主要是指在一定社会关系中以人可以制造工具和使用工具为标志的劳动实践，实践活动是人区别于动物，也是人具有独特个性、人与人之间能够彼此区分开来的根据）。

阿德勒一方面强调了遗传和环境对于人性的决定作用，另一方面又肯定了人有选择生活目标的自由。一个人的天赋和天分出生时就确定了，这是一个非常神秘的问题。得到上帝赐予天分的人，就有职责把它挖掘出来，将美好的东西展现给大家，而没有这种天分的人也一样会活得有尊严、有趣味。意识到自己没有特殊才能，并不意味着就要灰心丧气，一个正常的社会本身不就是由大多数不具有特殊才能的人组成的吗？社会病了，才把平凡等同于失败，造成群体焦虑，平凡的人过简朴的生活也很好。有些天分，后天训练也不会有，"人如果方向错了，停止就是进步"。

人在幼年，环境和遗传对人的发展影响很大，一旦这种影响的沉积形成既定的自我意识则对人的发展影响巨大。遗传的复杂性在于它对不同领域、在不同时期对人的影响是不同的。在人的发展变化中，遗传、环境和自我意识都是变量，相互作用的过程极为复杂，之前的失误在于片面强调人的受动性，忽视人的能动性，或片面强调人的能动性，忽视人的实践的客观制约性。"马克思《博士论文》对人的自由的关注，着眼的是人同周围世界的相互作用；《莱茵报》时期，着重谈论的是人的自由的实现同社会经济关系的制约关系；《费尔巴哈提纲》又从人的社会客观制约性方面谈论人的现实本质；在《共产党宣言》和《资本论》中，马克思对人的自由、人的个性的关注始终建立在客观制约性基础之上。"

实践是人与环境相互作用的过程，但要阐明人与环境怎样相互作用却是一件难事，比如说，一个人成为什么样的人，遗传、环境和意志自由三者到底是如何相互作用的。人是社会环境的产物，社会环境又是人的产物，这似乎形成了一个怪圈。其实这并不是一个怪圈，在人的幼年，环境与人的相互作用中意识的作用弱一些，环境（广义）处于基础地位，起决定作用，人处于从属地位，人生观树立后意识的作用更强一些，"是我们改变了世界，还是世界改变了我们，是英雄造时势，还是时势造英雄"这个疑问是能破解的。固然有天纵之才，其也还是时代的产物，时势和英雄是"互造"的，原理还是社会存在和社会意识的辩证关系原理。

人的实践本质决定人性的变化还体现出以下趋势：

（1）人性是开放的系统。

（2）三大活动类型决定人的三大属性：经济活动、政治活动、文化活动。

（3）客观制约性由强到弱，主观能动性由弱到强。

（4）实践的自发性递减，自觉性递增。

（5）人的发展的不自由性、片面性递减，自由性、全面性递增。

（6）智力逐渐成为人的发展的主要力量，体力的重要性减弱。

五、人的本质自私论的理论分析

在关于人的本质的讨论中，有一种观点认为人的本质是自私的，其论据是：人为了生存，不得不自私。连小孩生下来都知道抢奶嘴。为了满足生理需要，自我保存，必须自私。从发展上说，为了做强者，要竞争，不自私怎么能取胜？人是从动物来的，动物的本性就是自私，人也难免有自私。从反面论证，也可以说明人是自私的。不然，为什么要对人进行大公无私的教育？就是因为人是自私的。还有国家办教育、孔孟佛教教导人们做好事等，都是针对人的自私。国家制定法律，也是因为人自私、野蛮，法律就是限制人的自私和野盗的。"自私心也是推动社会前进的动力。"我们有必要对这一对人们有重大影响的观点进行深入的理论探讨。

（一）"人的本质自私说"溯源

自私是私有制社会的产物。古代，中国的荀子主张"人性恶"，认为"好利"是人的天性，因而为私利常发生争斗而施暴。在外国，法国哲学家爱尔维修曾为自私进行辩护，他说："对人们的自私心引起的后果发脾气，这意味着抱怨春天的狂风、夏天的炎热、秋天的阴雨和冬天的寒冷。"这就是说，自私是人的自然本性。在"自私是人的本质"的命题下，就必然将个人利益放在中心地位，认为个人利益高于社会利益，把为个人幸福而奋斗作为人生目的。尽管有时也为他人或为社会而做某些事情，但这只是为追求个人私利的手段。英国哲学家霍布斯从哲学上公开论证利己主义的合理性，他说人自爱、自我保存是天赋的自然权利，他直接说，人生目的就是在追求私利的竞争中取胜。另一位哲学家雷德维尔则说，自私是不可改变的人的本性。霍尔巴赫认为，人自己爱自己，保存自己，追求利益和幸福是人的本性和一切行动的唯一动力，但为了达到这一目的，还必须爱他人，因为这是达到自我保存和取得快乐的不可少的必要手段。费尔巴哈认为，人自爱自保的利己心，就像人的头和身体不可分一样，是绝对必要的。他说："没有这种利己主义，人简直不能够生活，因为我要生活我就必须不断地吸取有利于我的东西，而把有害于我的东西排除出身体以外，这种利己主义，可见还扎根在机体上面，即体内生活资料的新陈代谢上面。"同时，他认为也必须承认他人的利己主义的合理性，因而利己还要利他。合理的利己主义宣称没有自利心，人类就会灭亡，所以利他必须以利己为基础。表面讲为他人，为社会，为整体，但这只是达到个人目的的手段。这些认识从哲学认识论、方法论角度看都犯了不能辩证唯物看问题的错误。

（二）为什么不能说人的本质是自私的？

人的本质自私论这种观点不是动态的、发展的辩证唯物观，而是静态的、停滞的形而上学观，它分不清普遍与特殊的关系，认为，人的本质自私是永恒的普遍规律，古今中外，凡属人类，概莫能外。"说人不是自私的，是违心的。"我们说看问题不能以特殊代替一般，否则，就犯了以偏概全的错误。我们知道人类社会的发展，是由公有制的原始社会，经私有制的阶级社会，发展到没有阶级的公有制社会主义和共产主义社会去。私有制的阶级社会只是漫长的人类历史长河中的一段，同整个人类历史相比只是特殊的一段。自私是人类社会发展到私有制以后才产生的。有什么样的经济基础和社会制度，就有什么样的思想观念、行为与之相适应。考古资料证明，人类历史已有 350 万年之久，而从奴隶社会开始，私有制的阶级社会，只不过四五千年。这在整个人类历史上，是个短暂的时期，只有这一段才有自私存在的社会经济条件。所以，我们不能用这特殊的一段代替普遍的整体人类社会，也不能说自私是在人类社会中永久存在的普遍规律。所以，我们只能说自私是私有制的产物，只要私有制还没有彻底铲除，它就不会消灭。但从社会发展的角度看，它具有历史暂时性，并不是人永恒不变的、绝对的本性，将来它是会被消灭的。说"人的本质是自私的"，在理论上站不住脚。

第三章　人性的牵领者——人的价值观

　　人的价值研究人应然的状态。人的价值这个命题就是使人成其为人，一般人会对此产生困惑，我们本来就是人了，怎么还要成其为人呢？前一个"人"是指我们每一个有生命的个体，而后一个"人"则是价值概念，指完善的人，全面发展的人，价值论研究的就是怎样使人成为真正意义上的人。一个人价值追求的高度和境界将决定他的格局，而格局太小的人将很难摆脱痛苦和烦恼的泥潭。只有人生价值追求的境界高才会"不畏浮云遮望眼"。价值观实际上是一个人人性观的外在表现形式，没有正确价值观的指导，人类就会出现"没有良知的快乐，没有原则的政治，没有劳动的富裕，没有是非的知识，没有道德的商业，没有人性的科学，没有灵魂的美丽"。

　　《论语》中有一段是孔子和子贡的对话，子曰："赐也，女以予为多学而识之者与？"对曰："然，非与？"曰："非也，予一以惯之。"出自《论语》卫灵公篇。孔子问："子贡呀，你认为我博闻强记、知识渊博吗？"子贡说："对呀，不是这样的吗？"孔子说："不是的。我的学问是得到了一个东西，懂了以后，一通百通。"孔子说的就是价值观，对事物有正确的价值判断，就不会迷失方向了。

　　每个人的知识结构是不同的，而"生有涯，知无涯"，知识是无限的，"术业有专攻"，每个人的知识结构不同，有些自己知识结构之外的知识不是我们必须掌握的，但正确的价值判断力是我们必须有的。价值观，是文化的核心。老子说："为学日益，为道日损。"知识，日积月累、越来越多，价值观则是越来越明晰。

歌德曾经说过，你若喜爱自己的价值，你就得给世界创造价值。价值观实际上是内在的人生目的的外化，是和人生观的核心问题——"人为什么活着"紧紧联系在一起的，构成一个人的灵魂，决定一个人行为的方向。从某种意义上说，一个人价值观的变化是一个根本的变化，是最震撼人心的变化，因为它会改变一个人做人的方向。我们常说的志同道合实际上也是指人生目的、人生态度、人生价值的一致性。所以人生价值的探讨对于我们来说将是非常有意义的。

一、人生价值概述

（一）什么是人生价值

价值，原本是经济学的研究范畴，在这个范畴里主要研究物的价值。关于物的价值的产生，马克思这样说过："价值这个普遍的概念是从人们对待满足他们需要的外界物的关系中产生的。"可见价值的产生，首先要有主体和客体的双边关系。一方面，价值离不开人和人的需要，不与主体发生关系的客体是无所谓价值的；另一方面，价值也离不开客体的属性。粮食的价值在于它包含人们所必需的营养成分，艺术的价值在于它给人以精神享受，科学技术的价值在于它是人们改造世界的工具，等等。人的价值不是人和物的关系，而是人和人的关系，人之所以具有价值，就在于他能够以自己的劳动或其他行为满足自身、社会和他人的物质和精神需要。劳动是创造价值的源泉，自然也是人的价值的源泉，在劳动过程中人为了满足自身需要创造了客体价值，同时也创造了自身价值。人生价值，就是人对社会所具有的意义和作用以及社会对个人需要的满足，就是个人对社会的责任与贡献和社会对个人的满足与尊重，两方面缺一不可，否则，人生价值就是不完全的。正像幸福是创造与享受的统一，奉献与自我实现是统一的。一方面，人是目的，但人的目的的实现和满足要靠自己的劳动，也就是说，人必须以自身作为手段，才能满足人们的各种需要。另一方面，如果仅仅把人当作手段，那么这种手段的价值最终在什么地方？我们劳动、生产，但我们不是为生产而生产，人类生产的最终意义正是为了人类的发展，同时也包括为了人们的享受。但我们必须坚持两点论中的重点论，人生价值主要取决于个人对社会、对他人的积极贡献，同时社会也承认和重视个人需要的满足。

（二）人生价值的结构

人生价值的结构是自我价值和社会价值的统一，它们是不可分割地联系在一起的，抬高自我价值而贬斥社会价值或抹杀自我价值只谈社会价值，都是违反唯物辩证法的价值观的。针对自我价值同社会价值的关系问题（哪一个是原点的问题），静态地看，社会是一个复杂的网络体系，每一个个体都是网上的一个细节，细节之间的联系即社会关系，社会制约着个体，个体构造着社会；动态地看，社会是一条绵延不绝、前赴后继的人流，个体是汇聚成这条大河的涓涓细流和一朵朵浪花，研究社会历史问题既可以从社会出发，也可以从个体出发。从价值论上看，离开了个体，社会只是一个空洞的概念而已。人之所以具有价值，就在于他能够以自己的劳动满足自身和他人的物质、精神要求。自我价值离不开自我生存、自尊自爱、自我发展的需要，人的自我价值的最高表现就是人的全面发展。但"皮之不存，毛将存焉"，社会又是自我价值实现的舞台。

1. 自我价值

人只要活着就有发挥自己体力和智力的需要，人通过劳动、认识和艺术创造等活动满足这种需要，肯定自我价值。马克思主义早就指出，劳动从本来的意义上应该是人生的第一需要，只有满足这种需要才能实现和肯定自我价值。人生的自我价值还表现在人有自尊和爱的需要，人本主义心理学家马斯洛认为：自尊和爱的需要的满足使人有自信的感情，觉得自己在这个世界上有价值，有用处，而这些需要一旦受挫就会使人产生自卑感，自我价值的最高表现是人的发展需要的满足，其根源就在于人只有在不断的创造活动中，在不断的自我超越中才能感受到自己生命存在的意义，感觉到充实和幸福。人的自我价值简单地说就是人对自己和精神需要的满足程度。有人认为自我价值的提法似乎潜藏着极大的危险，容易造成不良的社会后果和思想混乱，这实际上是由对它的肤浅理解造成的。有人认为自我价值就意味着自私自利、损人利己，而实际上，自我价值是自己满足自己、发展自己，是任何人的价值的基础。不能把自我价值与向他人、社会索取混为一谈，个人的自我价值，意味着自己的自我负责、独立进取、自力更生和自我发展完善的程度，并不是索取和享受的同义语。实际上恰恰相反，往往是索取越多而贡献越少，一个人越是依赖他人和社会，越少依赖自己努力，这样的人的自我价值就越低。追求自我价值，意味着要多些独立自主的进取性，少些等、靠、要的依赖和惰性。有人认为肯定个人的自我价值就是鼓励利己主义，这种看法是片面的，自我价值的实现是个体为社会创造更大价值的前提。

2. 社会价值

一个人，如果心中只想着自身的需要，生活就不会有意义，也不会丰富。因为离开一定的社会关系，自我的需要就不能得到满足，孤立的、绝对的自我价值是不存在的，存在的只是与人的社会价值联系在一起的自我价值。而且因为整体的利益高于个体的利益，所以从价值层次的角度看，我们不能只是以个人的自我实现为最高的追求，还应将理想社会的实现作为我们追求的最高价值目标。人的社会价值是以其劳动贡献的大小、创造成果的大小为标志的，他贡献越大，那么他的社会价值也越大。正如歌德所言："您若要喜爱您自己的价值，您就得给世界创造价值。"

人生价值内在地包含了人生的自我价值和社会价值两个方面。人生的自我价值，是个体的人生活动对自己的生存和发展所具有的价值，主要表现为对自身物质和精神需要的满足程度。人生的社会价值，是个体的人生活动对社会、他人所具有的价值。衡量人生的社会价值的标准是个体对社会和他人所作的贡献。

人生的自我价值和社会价值，既相互区别，又密切联系、相互依存，共同构成人生价值的矛盾统一体。人总是生活在社会当中，离开了社会的个体就无法生存和发展；社会是由众多的个体构成的有机体，离开了个体的社会是不可思议的。一方面，人生的自我价值是个体生存和发展的必要条件，人生自我价值的实现是个体为社会创造更大价值的前提，个体的人生活动不仅具有满足自我需要的价值属性，还必然地包含着满足社会需要的价值属性。个体通过努力提高自我价值的过程，也是其创造社会价值的过程。另一方面，人生的社会价值是社会存在和发展的必然要求，人生社会价值的实现是个体自我完善、全面发展的保障，没有社会价值，人生的自我价值就无法存在。人是社会的人，这不仅意味着个体物质和精神的需要必须在社会中才能得到满足，还意味着以怎样的方式和在多大程度上得到满足也是由社会决定的。一个人的需要能不能从社会中得到满足，在多大程度上得到满足，取决于他的人生活动对社会和他人的贡献，即他的社会价值。

综合来讲，人生的自我价值和社会价值是统一的，否认人的自我价值容易导致专制主义，侵犯个人的合理利益；否认人的社会价值容易导致以自我为中心的个人主义，看不到全体和长远的利益。关于两者的关系要把握的原则就是，在没有根本冲突的情况下要最大限度地保护个人的合理利益，当个人的利益和社会的整体和长远利益发生根本的、不可调和的冲突时，要求个人利益服从社会整体长远利益。因为，人的自我完善同社会的发展是统一的，没有社会的发展，个人的发展也就没有条件和基础，同时，整个社会的发展恰恰是社会上无数人自我发展的结果。社会的发展离不开个人的奋斗，个人奋斗本身是无可挑剔的，问题在于个人的奋斗应该以社会大多数人的需要为目标，才能使自我价值和社会价值相一致。没有自我价值，社会价值只是一个空洞的抽象；没有社会价值，自我价值也无法最终实现。自我价值和社会价值的辩证统一是价值观中一个核心的问题，它决定着国家、社会的整体利益和个人利益的关系。

《论语》中也有关于自我价值和社会价值的关系的论述，孔子的门人子路有一天问孔子说："怎样才能做一个君子？"孔子回答，"修己以敬"，"修己以安人"，"修己以安百姓"，这几句话的意思是我们做任何事都要把自我价值和社会价值的关系处理好，两者是统一的。对国家、社会整体利益和个人利益的辩证统一有正确的认识，才能防止出现先己后人的"合理利己主义"的错误认识，认为人要先满足个人需要，然后在有余力的情况下才可以考虑他人，这往往成为有些人个人需要膨胀、欲壑难填、永远没有余力考虑别人的借口；同时兼顾而不是先个人后他人的次序还可以防止出现"主观为自己，客观为别人"思维下的"精致利己主义者"。自我价值和社会价值的辩证关系是马克思主义利益观的核心内容，要求在满足自我需要、追求个人利益的同时要兼顾国家和社会利益，这是一个人有格局、有境界的体现，因为国家和社会的整体利益体现的往往是个人的根本和长远利益。我们要反对两种倾向：一是两者不到不可调和的时候就任意牺牲个人利益，更不能打着国家、集体的幌子为了少数人的个人利益牺牲群众的个人利益；二是反对那种不顾大局的极端个人主义。只顾个人利益不顾他人、国家利益的追求是"不义"，"不义而富且贵，与我如浮云"，在我们的道路上要时时刻刻铭记把小我融入大我之中，把个人理想幸福追求自觉融入国家民族的伟大复兴之中。

（三）价值观的形成

人的价值观，是人们在对人生目的和实践活动进行认识和评价时所持的基本观点和观念。在价值观的形成过程中，不能光强调环境影响和教育的作用，这样，消极的人生价值观的形成，主体个人就可以不负责任了。在人的价值观的形成过程中，内因主要指他的思想意识、行为习惯、兴趣爱好以及个性方面的其他品质。而这些也主要是环境影响和教育的结果，可以说，这个意义上的内因，实际上是在过去的外因影响下形成的。这样一来，不就是"内因通过外因起作用了吗"？这个观点是出于一种静态分析问题的方法，把内外因作用割裂来看。实际上，从一个人来到人世间，在价值观的逐渐形成过程中，内外因自始至终都是相互作用、互为因果的，忽视任何一方都是不合适的。人随着年龄的增长，生活经历的丰富，生活体验的加深，并且在不断总结自己生活中各种现象的过程中形成了自己独特的人生价值观。由于生活的局限，阶级的界限，也就是说每个人阶级立场、社会地位、经济地位、所受教育和主观认识能力等的不同，所形成的价值观就出现了差异。当然，同一时代，价值观的走向必然有相同的一面。人生价值是随着社会政治、经济、文化的发展变化而演变的，不同时代、不同社会、不同阶级的人，价值观是不同的，同一时代、同一社会、同一阶级的人，由于个人社会实践不同，价值观也会有差异。因此，研究人的价值观不能脱离社会发展的具体情况，也不能脱离人在社会中的不同实践，要历史地、具体地加以考察。了解价值观的形成对于我们认识自己的价值观形成原因是有帮助的。

二、人生价值观的根据和目标

价值观，是人们在对人生目的和实践活动进行认识和评价时所持的基本观点和观念。价值观是人生的灵魂，因为它是关于"人生的意义到底是什么"的观念。价值观是人生观的核心，它制约着人的生死观、苦乐观，解决人生意义的问题也就是从根本上解决人生观的问题。

确立人生价值目标是人生观树立起来的标志。价值目标是一个人行为的最终目的，它是一系列具体目标背后的总目标。没有一个总目标，总为日常琐碎目标和低层次需要所支配的人是不自由的。不正确的价值目标会把人引向歧途；正确的价值目标，即为人类社会做贡献的崇高目标，会推动人充分地实现其人生价值。伟大的力量产生于崇高的价值目标。

（一）通过劳动为崇高的价值目标而奋斗

劳动创造了人类社会，也创造了人生价值。因为，人只有通过社会劳动来创造价值才能逐步满足人们关于吃穿住行、学习交往、娱乐、休息等需要，实现人生价值。恩格斯预言："在合理的制度下，当每个人都能根据自己的兴趣工作的时候，劳动就能恢复它的本来面目，成为一种享受。"[1] 社会主义社会中，劳动人民名副其实地成为社会的主人，我们现在应该用主人翁的态度对待劳动，为实现崇高的价值目标而奋斗。

---

〔1〕《马克思恩格斯全集》（第 1 卷），人民出版社 1960 年版，第 578 页。

（二）树立正确人生价值目标的原则

历史唯物主义认为，个人同社会集体之间的关系是相互依存、相互作用的辩证统一关系。一方面，个人依赖于社会集体，社会集体使个人的力量得以发挥和增强，使个人的利益得以满足，还为个人的全面发展创造了条件；另一方面，社会集体又依赖于个人劳动积极性的发挥，个人影响社会集体，社会集体由个人组成，个人力量发挥的程度影响社会集体的力量。但是，在社会集体和个人的关系上，集体对个人的作用是主要的、基本的。因此，一定要把集体利益置于个人利益之上。这就要求我们评价人生价值时，首先应该强调个人对社会的责任和贡献。有些人误解"各尽所能，按劳分配"，不提各尽所能，只谈按劳分配，而且认为我干多少活，社会就应该给我多少钱，不谈人的劳动应有必要的扣除，例如福利基金，文化教育，科研，医疗卫生，国防费用，扩大再生产的积累基金，等等。评价人的价值，就要根据为社会贡献的大小进行，如果一个人的存在，只向社会、向他人索取，而不能为社会、他人作贡献，这种人生就是没有价值的，是寄生的、腐朽的人生。

三、实现人生价值的条件和途径

人们在实践中努力实现自己的人生价值。但是，人们的实践活动从来不是随心所欲的，任何人都只能在一定的主客观条件下去实现自己的人生价值。因此，正确把握人生价值的实现条件至关重要。

（一）制定正确合理的价值目标

实现人生价值要从社会客观条件出发，还要从个体自身条件出发，实事求是地制定正确合理的价值目标，把自我完善和社会发展相结合作为实现人生价值的精神动力。马克思说："历史承认那些为共同目标劳动因而自己变得高尚的人是伟大人物，经常赞美那些为大多数人带来幸福的人是最幸福的人。"〔1〕一切从个人需要出发、以满足个人私欲为目的的人一旦满足不了私欲就悲观厌世，或为满足私欲走上犯罪的道路。这种价值目标的基本思想是，一切以自我为核心，一切从个人需要和个人幸福出发，把个人利益置于社会集体利益之上，为了个人利益不惜损害社会集体利益，这是少数人消极、丑恶的价值目标。而只是力求有一技之长，谋个饭碗，不求有功、但求无过，这是平庸的价值目标。一个人所确立的正确合理的价值目标是他前进路上的指南针。有了它，我们才不会迷失方向，丧失信心，自暴自弃；有了它，我们才能克服困难，为理想而奋斗，百折不挠。因此，要实现人生价值，首先要树立正确合理的价值目标。

---

〔1〕《马克思恩格斯全集》（第40卷），人民出版社1979年版，第7页。

（二）掌握丰富的科学知识，是创造人生价值的重要条件

当今社会，我们正面对新的技术革命的挑战，世界各国之间的竞争，实质上是科学技术和教育的竞争。掌握科学知识，已成为当今时代提高人生价值的客观要求。现代科学技术是新的社会生产力中最活跃的和决定性的因素，人要想实现自己人生的价值，必须用知识、智慧去充实、丰富自己的头脑，否则就只是一句空话。同时，我们不断学习获得新知识的方法，包括如何寻求知识，如何选择知识，如何评判知识，如何应用知识，不是光知道积累知识，而且要不断培养自己创造的能力。知识是创造人生价值的必要条件，如果没有在实践中灵活运用这些知识的能力，潜在价值是不能变成现实价值的。

（三）积极参加社会实践，是实现人生价值的必由之路

实践是实现人生价值的必由之路，这表现在：首先，通过实践可以检验价值目标是否正确。毛泽东说过，人的正确思想既不是头脑中固有的，也不是从天上掉下来的，而是从社会实践中得来的。实践是检验真理的唯一标准，我们自己的价值目标树立得是否正确、是否科学，只能由社会实践来检验和修正，使之符合客观实际。合乎客观规律的价值目标才有实现的可能，否则就会失败。其次，人生价值目标，只有在实践中才能得到实现。马克思主义认为，生产活动实践、处理社会关系实践和科学试验是人

类的三大实践活动。因此，实现人生价值目标，必须要积极参加三大社会实践，同时注意在实践中联系人民群众，只有在和人民群众共同奋斗的社会实践中，充分发挥个人的聪明才智，才能对社会作出更大的贡献，也才能获得自身发展的条件，实现人生的价值。

四、全人类"共同价值"与西方"普世价值"的本质区别

我们反对在抽象人性论基础上的普世价值，普世价值的抽象人性理论，犯了只从抽象方面去理解人性与人的本质的错误，片面强调人性与人的本质的不变性与永恒性，并将这种永恒性、不变性作为其理论建构的逻辑前提，颠倒了社会存在与社会意识的关系，主张以永恒不变的人性为前提设计他们认为的永恒不变的社会制度。所以，西方的"普世价值"必然带有文化霸权主义和精神统治的色彩，而我们主张的"共同价值"则是包容的，是求同存异、共同发展的。但我们在批判"普世价值"的理论基础——抽象人性论时，决不能只强调人性、人的本质的具体性，不讲抽象性，这是另一种片面，也是应当否定的。共同价值则是以马克思现实人性理论为立论基础，马克思的现实人性理论首先对人性进行了科学的抽象，指出人性有自然属性、社会属性和精神属性，人的这三大属性在人不断变化的实践活动中也一定是具体的、历史的、不断变化发展的，马克思的人性理论是共性

与个性的统一。

习近平在第70届联合国大会上呼吁全世界人民"携手构建合作共赢新伙伴，同心打造人类命运共同体"，提出"和平，发展，公平，正义，民主，自由是全人类的共同价值"。[1]这就告诉我们人类是有共同价值的，"共同价值的真正来源绝非孤立个体的先验的或者天赋的人权，而是生成与命运共同体中人们的社会实践，是历史发展的产物，处在不断生成的过程中"[2] 我们现在所说的共同价值，是进行国际交往的需要，也是表明我们的思维水平和国际视野的重要问题。我们承认人权的普遍原则，但也必须考虑各国的具体情况。由于各国社会制度、文化、历史传统和经济发展程度不同，保护人权的具体措施和民主的表现形式也应有所不同。自觉用辩证的思维方式把握价值的普遍性，否定那种假定先验的、永恒的、无差别的人性和价值观。概括共同价值的正确思路应该是从先验逻辑转到从代表各国民意的根本制度中（宪法）去寻找。因为价值的主体是现实的大众，马克思主义创始人一向反对离开具体历史条件和阶级立场，抽象地谈论自由、平等、博爱、民主和人权，反对抽象的道德观、人性论和

---

〔1〕 习近平："携手构建合作共赢新伙伴，同心打造人类命运共同体——在第70届联合国大会一般性辩论时的讲话"，载《人民日报》2015年9月29日，第1版。

〔2〕 鲁品越、王永章："从'普世价值'到'共同价值'：国际话语权的历史转变——兼论两种经济全球化"，载《马克思主义研究》2017年第10期。

国家观。但是，这是否意味着马克思主义创始人就无条件地否定普遍价值呢？是否意味着我们今天就只能讲相对性、阶级性和社会制度差异，而不能讲价值的普遍性呢？恐怕不能这么说。马克思主义创始人同样以肯定的口吻谈及自由、民主、人权等问题，也从一般和普遍的层面论述过人性、人道等价值问题，并不是笼统地否定一般的、普遍的人性论和价值观。把他们从特定意义上说的话作为无条件拒斥普遍价值的根据，不是辩证的方法，整体把握马克思主义经典作家的思想，才是关键所在。他们究竟在何种意义上拒斥一般的、抽象的价值，又在何种意义上认可这些价值的一般性与普遍性？确切地说，他们把握抽象与具体、普遍与特殊、阶级性与人类性辩证关系的思维方式是怎样的？恩格斯批判杜林的普遍原则是从玄想和抽象出发，而不是从现实生活中引出来。他主张：原则不是生活的出发点，相反，它必须从生活中引出来。既然如此，回归现实生活，深入具体问题情境，以求同存异为原则把握当今人类生活中的具有普遍性和共同性的价值观，并不是马、恩批判过的那种"抽象"。这种研究不但是可能的，而且是必须的。

马克思主义创始人不是一般地否定普遍价值，而是否定资产阶级以"普遍价值"为幌子的伪善。在人们还分化为阶级，不同利益集团之间还根本对立的情况下，统一的利益和普遍的道德原则的交集就很小。只有在消灭阶级，人们的利益不再根本冲突的情形下，才谈得上普遍原则和普遍价值。

　　正确看待这个问题，在理论上，我们必须对抽象人性论和对人性进行科学的抽象进行区分，普遍价值是一种理论的抽象，这种抽象是建构现实具体的必要条件。抽象有两类：一是脱离现实进行虚构、不顾实际情形依据先验原则进行推论的抽象，这种抽象是我们要反对的。二是对现实事物作理论推演和提升的抽象。例如，世界上的点都是有大小，线都是有粗细的，但几何学必须把大小、粗细抽象掉；世界上只有一个人、一棵树、一块石头等，但数学必须抽象出与实物无关的"1"本身。这种抽象是理论和智慧的能动性的体现，没有这样的抽象就不可能有人类文明。普遍价值也是这样，它是对现实生活中普遍性最大、共同性最广的价值的理论抽象。这种抽象是必要的，是建构现实和具体价值的范型，没有这类抽象，很难想象人类文明的存在和进步。普遍价值是一种理想，这种理想是人类文明超越实然、趋向应然的必要条件。严格来说，人类文明中追求的各种美好的价值目标和文化理念，从来都没有完全地实现过，但是它们有现实生活的基础——或部分实现，或作为奋斗目标。有了这样的理想，现实生活就有了一种促使现实世界尽可能向善、向美、向崇高提升的张力。"对待普遍价值我们要用马克思辩证唯物主义的观点去分析，从抽象与具体、理想与现实、应然与实然的矛盾关系和动态发展中去把握。"[1]

---

　　〔1〕　孙美堂："论普遍价值的辩证本性和问题情境——兼评关于'普世价值'的争论"，载《学习与探索》2011 年第 3 期。

李步云撰文指出，人类之所以有共同价值，根源有三个："第一，人的本性具有相同性；第二，全人类有共同的利益；第三，全人类存在着共同的道德。"[1]所以，孔子的"己所不欲，勿施于人"，成为世界普遍认同的人际交往的黄金规则。西方对人的自由、人的尊严、人的权利的追求也有几百年的历史。从最早文艺复兴到后来启蒙运动提出，再到形成法律、宪法、公约，比如1776年的美国《独立宣言》，1789年的法国《人权和公民权宣言》，罗斯福讲的言论、信仰自由，免于恐惧与匮乏的自由被写入了1948年的《世界人权宣言》，1966年《公民权利和政治权利国际公约》，等等，最后成为国际公约。当今世界确实普遍存在环境污染、生态失衡、资源日益枯竭与巨大浪费以及人口爆炸等困扰人类的全球性问题，这样在社会生活领域崇尚诚信、公平、正义、平等、法治等价值理念，使其成为社会大众所期望的一些共同价值追求，这是存在的，也是合理的。这不同于借"普世价值"的幌子进行文化扩张、思想渗透，以"普世"名义，强行兜售本国意识形态的行为。我们并不反对那些真正的、能够促进人类社会发展的共同价值诉求。

总之，一定要对抽象人性论和对人性的科学抽象进行区分。抽象人性论是社会主义核心价值观教育的理论陷阱。"普世价值"的立论依据就是抽象人性论，实际上，马克思对抽象人性论

---

[1] 李步云："人权普遍性之我见"，载《新华文摘》2006年第13期。

的批判不是简单地否定，而是"扬弃"。资产阶级抽象人性论的错误，与其说是对人性与人的本质作了抽象的理解，不如说他们仅仅对人性、人的本质作了片面的抽象理解，他们的错误在于其理解的片面性。具体是相对于抽象而言的，两者是辩证统一的关系，没有一方面的存在，另一方面的存在也就不可能。人性、人的本质应当是具体与抽象的统一。科学的抽象，对事物的把握有十分重要的意义。马克思之前的人性理论，确实犯了只从抽象方面去理解人性与人的本质的错误，片面强调人性与人的本质的不变性与永恒性，并将这种永恒性、不变性作为其理论建构的逻辑前提。人性与人的本质是常驻性与流动性的辩证统一，是变与不变的统一。人性、人的本质一定是变中有不变、不变中有变，流动中蕴含着永恒的。

我们的社会主义核心价值观中也提到自由、平等、法治、友善等价值观，也就是说我们承认人们之间存在一定时空条件下，即一定范围内的"共同价值"取向和追求，问题在于人们如何解释和如何对待它，平等、公平、法治是历史的产物，同一个词，不同时代、不同制度下的不同人们有各自不同的表述。所以我们对某些"共同的价值"既要看到"同"，又不能忘记"异"。这是一枚硬币的两面，"普世价值"就是割裂抽象与具体的统一，用一般否定特殊。不谈现实的人而谈抽象的人就会把人引入歧途。当今，如何看待"普世价值"，直接关系到人们对社会主义核心价值观的认同与否。"普世价值"的哲学基础是抽象人性论，我们不能从抽象的人性出发研究人的价值，离开社会的经济关系、政治关系，宣传抽象的"人性""公平""正义""平等""法治"是不科学的，理论认识上是有缺陷的。还有些人张扬"普世价值"，以学术之名作政治文章，用英美等发达资本主义国家的人权、民主改造中国，对我国公民价值取向产生了深刻影响。而对纷繁复杂的社会思潮，一定要从理论深度上帮助人们加以认识，才不会让人们迷失方向、迷失自我，从而使理想信念迷惘、责任意识缺失及道德失范。人们之所以面对西方社会思潮产生困惑，很大原因是他们缺乏科学的思维方法和看待问题的正确立场、观点和方法。要认识到，"价值"是人们对一件事物的意义、效用的判断，是一种观念。不同社会思潮代表不同群体、不同阶层的利益和需求，人们接受某一种思潮不再只是出于纯粹的思想和价值认同，而是掺杂了更多的现实与长远利益因素，支持与否在很大程度上取决于该思潮是否符合自身利益诉求。而以往单一的、纯粹的价值观教育是单薄的，马克思主义利益观认为，人类所奋斗的一切都与利益有关，明确指出追求利益是人类一切社会活动的根本动因。因此利益问题始终是人们最先关注的问题，要清楚各种错误思潮影响需要对其错误的、不当的利益需求加以引导。

价值形成的基础源于主体需要，不从人们的需求入手进行的价值观说教必然是悬空的。不同利益群体，甚至是相同利益群体的不同个体之间都会存在价值取向的差异。如有的人以富贵为主要追求，极力追逐金钱和权力；而另一些人则远离名利，以清静为福。这就需要以社会主义核心价值观来统顾和整合不同利益群体的价值诉求。面对价值取向的差异，我们需要坚持用社会主义核心价值观引领各种社会思潮，有力抵制各种错误思想对人们的影响，同时又要尊重差异、包容多样。

五、核心价值观承载着一个民族的精神追求

习近平在视察北京大学的"五四"讲话中指出："人类社会发展的历史表明，对一个民族、一个国家来说，最持久、最深层的力量是全社会共同认可的核心价值观。核心价值观，承载着一个民族、一个国家的精神追求，体现着一个社会评判是非曲直的价值标准。"中国精神领域出现的种种病态，深层原因是价值观出现了问题。

改革开放以来，西方各种社会思潮纷纷渗透，面对纷繁复杂的社会思潮，我们一定要从理论深度上帮助人们认识其积极和消极方面，吸收其合理成分，消除其负面影响，努力使社会主义核心价值观入目、入脑、入心，纠正一些人因多样化的社会思潮而产生的模糊认识和错误的价值取向，特别是解决道德缺失、精神危机问题，为人们的生存和发展建立一个安身立命的精神家园。

倡导富强、民主、文明、和谐，倡导自由、平等、公正、法治，倡导爱国、敬业、诚信、友善，积极培养社会主义核心价值

观，切实把社会主义核心价值观转化为公民的自觉追求，是思想政治教育的一项重要任务，要保证人才培养的正确方向，使公民具有良好的精神面貌，必须高度注意把社会主义核心价值观融入公民思想政治教育，使之成为公民的政治共识和行为准则。

（一） 加强公民核心价值观教育的意义

社会主义核心价值观是对已有的核心价值体系的凝练，分别从国家层面倡导富强、民主、文明、和谐，社会层面倡导自由、平等、公正、法治，个人道德层面倡导爱国、敬业、诚信、友善。一个社会一定要有核心的、主流的价值观，引导绝大多数人的行为，如果没有一个主流的价值观，这个社会将会变得混乱而无序。我国公民人生价值观的主流是积极进取、健康向上的，但是一些人的价值观却存在发生一定偏差的现象，这样用社会主义核心价值观引领公民树立正确价值观就有十分重要的意义。社会主义核心价值观是符合广大人民利益要求的价值观，与人们所追求的理想目标存在必然契合点。但也要注意到一部分人存在重物质利益轻理想追求，重个人利益轻国家集体，重知识轻道德的倾向。因此对公民必须用社会主义核心价值观进行引领，处理好一元与多元、理想与现实、个人与集体的关系。

确立的、得到大多数社会成员认同的核心价值观，事关国家发展的方向、社会的稳定和个人行为准则的确立。

（二）　将核心价值观的树立与人们成长性需要相结合

价值观不仅决定了人自身的生活方式、奋斗目标以及生命意义之所在，而且也充当着社会思想变化的"晴雨表"。而人们的成长需要是形成价值观的根据，这样，我们可以通过更具体的职业观、婚恋观、人际观、财富观、休闲观和审美观来了解人们具体的需要，进而引导人们树立社会主义核心价值观。

人的需要是人的行为的动力基础和源泉。马克思把人的需要划分为生存需要、享受需要和发展需要。首先，人的物质需要是人最基本的需要。其次，人不可能离开社会关系而存在，社会需要是需要中最重要的。最后，人的精神需要，这种需要是人的能动性的表现。马克思关于需要的论述，充分体现了需要的全面性。人们全面性的需求，是形成价值观念的原始根据。

需要存在社会本位与自我本位的冲突，一些人身上存在功利论的倾向，信奉实用主义哲学，什么都和利益挂钩，有这种功利化需要与价值取向的人，在学习、生活过程中往往内在动力不足、容易"心燥"。为此，我们一定要加深社会主义核心价值观教育，加强中华民族优秀传统文化教育，为人们建立精神家园。对于人们合理的内在需要，我们要尽可能地帮助其满足。思想政治教育的有效性不足，一个重要原因是我们关注人们内在需求不够。社会主义核心价值观适应个体发展需要，必然会引起人们的接受兴趣，社会主义核心价值观中国家、社会、个人层面与人们的自身发展相契合，又可以内化为人们自身的道德信念和价值追求。把社会主义核心价值观融入人们的生活中，就要将国家、社会要求与公民自身发展需进行求统一，这是增强公民核心价值观教育实效性的整体路径。

人们的自身需求中不乏不合理、不健康的成分，我们一定要引导公民的需要。这需要艺术性，要以理服人、以情感人，使公民自觉认同社会主义核心价值观，还要从贴近实际的社会热点问题入手，使社会主义核心价值观教育能够融思想性、科学性、趣味性为一体。

从人学角度分析核心价值观，核心价值观也是为了促进人的全面发展，人的全面发展应是人的三大属性（精神属性、社会属性和自然属性）和谐发展，自由、文明、爱国偏向人的心灵家园（精神属性）发展，公平（平等、公正）、民主、诚信、友善偏重人的情感家园（社会属性）发展，富强（富，指经济方面；强指身体强健）、敬业、法治偏向人的生存家园（自然属性）发展。

（三）核心价值观是人生的"定盘星"，决定一个人做人的原则

今天，人们在海量的信息中挣扎，许多人失去了对文化的积累和沉淀的过程，这时人可能是一个信息人、网络人，但不一定是一个文化人。失去价值判断力，容易人云亦云、盲目跟风、没有定力，这是很悲哀的。有自己核心的价值观，人就有了价值判断能力，就会不受外界摆布，你不想随波逐流，你本身必须是一股流。要想宁静而祥和地走在自己的轨道上，必须有正确的价值观，这是你必须要有的"一以贯之"的"一"。王阳明有诗云，"人人自有定盘针"，你的正确的价值观就是你心中的"定盘针"，我们所说的具体问题具体分析、做事讲究权变都是在这个前提下说的，灵活机动的方法和正确的价值观指导下的人生目标相结合就成就了一个人做人做事的最高境界，指导着人们的实践活动。举例来说，体现辩证法一个要素（同一律）的适度在"肯定质的安定性"时，是我们做事灵活机动的一种方法，但这种方法只有在动态的实践活动中才能把握，是很难的一件事，即使是唯物辩证法的大师，一旦脱离一切从实际出发、实事求是，也会犯夸大主观能动性的错误。离开实践活动的舞台，空谈适度就是玄虚，没有一点意义，适度只有在具体的实践中才能把握。在这个意义上，我们才能把适度视为人性健康成长的指南，这对人生和社会都有根本的指导意义。体力会因为锻炼不足或过度而出现问题，健康会因为暴饮暴食或食物缺乏而遭损害。一个人如果因为恐惧而逃避一切，就会成为懦夫；而一个人如果无所畏惧，就会成为莽汉。但要发生质的变化时突破旧质就可能突破适度的适用范围，不能简单地理解为任何时候都不走极端。大家都知道和品德不端的人断交，医生让有些病人绝对卧床休息，是不是极端的做法呢？当然是，但以仁义为标准，以健康为标准，这种极端的做法恰恰是合适的。有时极端的方法对正确的价值目标是最合适的，要保持质的稳定性通常表现为不走极端，特殊情况下，要促成事物发展必须质变时，走极端对实现正确的价值目标是恰当的、合适的。这就告诉我们只要价值目标正确，达到目标的方法要因人而异，因时而异，因地制宜，在这个意义上具体问题具体分析是辩证法的灵魂。如：为了达到健康的目的，锻炼方法、时间和地点就要因人而异。老年人锻炼就不要像年轻人那样剧烈，要好好地保存，将自己的精力和体力更多地蓄存起来，等待严冬的来临及其考验。这是一种对生命的深入体验后的认知，也是一种智慧的表现。

王阳明心学有"良知"这个核心价值观作"定盘星"，才会在《易经》辩证思维的指导下，通过灵活的策略和手段，赣南剿匪、生擒宁王、广西平叛、出奇制胜、三十六计、将计就计。他心里有"良知"这个"定盘针"，做事就有了原则性，又通《易经》，做事就有了灵活性。"人人自有定盘针，万化根源总在心"，人要心中没有良知这个核心价值观作为"定盘针"，《易经》的流弊就显示出来了，"其失也，贼"。心中有良知指引是第一位的，也就是我们强调的第一是学做人，做人的关键是树立正确的核心价值观，这样做事"随机应变"、灵活机动才不会走样。心学强调发挥人的主观能动性，但一定要在调查研究实事求是的前提下才行，所以心学中强调"人需在事上磨炼做功夫，乃有益，否则，终无长进"。离开知行合一的实践观，心学易理必然是玄虚的、唯心的，良知也成了空中楼阁。良知如何用最适度的方法"致"，动力就在于它的实践观。所以王阳明才不是愚儒，他将做人的良知和做事的机变、将原则性和灵活性有机地结合在了一起。成为少有的"三立"之人，善良要和智慧配伍。"良知"是价值观，是人生"定盘星"，要始终不变，如何"致"则需要随机应变的智慧，致良知就要"初心不变，随机应变"。做人做事要将原则性和灵活性相结合，价值观就是我们做人做事的原则性。

第四章 人性的归宿地——人的幸福

对幸福生活的向往和追求，是不同时代人们共有的，幸福也可以说是人们的终极追求。所以，马克思在 1835 年 9 月从特利尔中学毕业时所写的《青年在选择职业时的考虑》一文中就说，在选择职业时，我们应该遵循的主要指针是人类的幸福和我们自身的完美。当人们试图追求幸福理想的时候，就不得不研究一个最基本的问题，即幸福是什么？幸福应当是快乐与意义的结合。需要的结构就是幸福的结构。

一、人对幸福的认识

马克思主义的幸福观是建立在对人性、人的本质全面认识的基础之上的，幸福说到底是人性、人的本质问题，马克思认为，自由和全面发展是人类社会的前进方向，也是人类幸福的方向。人的自由和全面发展既是一个目标也是一个过程，是一个不断生成的过程，也是人的幸福的实现过程，人就是在自由自觉的创造性的实践活动过程中追求着幸福，在这个实践活动中人不断地扬弃"旧我"，塑造"新我"，创造自我价值，创造属于自己的幸福，自由自觉的创造性的实践活动对人的幸福具有决定性意义。人的三大属性决定幸福的结构，人的本质决定幸福的源泉和动力。马克思主义的幸福观对我们理解幸福有根本的指导意义。人的天赋有高有低，但只要尽人力开发自己的先天和后天有利条件，每个人都可以画出自己人生完美的圆，大圆和小圆收获的人生喜悦是可以同样比例的，就像小金粒和大金锭可以有同样的纯度一样。幸福是使自己的人性圆满完善，幸福就是人的自然属性、社会属性、精神属性全面自由的发展。人性有三个层次：一是生物性，即食色温饱之类的生理需要，满足则感到肉体的快乐与幸福；二是社会性，比如交往、被关爱、受尊重的需要，这些都是人最重要的感情需要，满足则感到感情的快乐与幸福；三是精神性，有渴望智慧、审美、自由和灵魂追求永恒的需要，此类需要没有终极性，永远是一个开口向上的过程，生命不息，追求不止，在追求的过程中感到精神、心灵的快乐与幸福。人性的三个层次：生物性肉体快乐之源；社会性感情快乐之源；精神性心灵快乐之源。物质不够丰富时，工作是为了生存的需要，为了赚钱养家糊口，当物质丰富之后，人的工作就要成为精神享受，工作就要进入一种精神状态，这种状态应该是忘我的，在外人看来可能有些孤寂，但工作完成后自己的内心是充满喜悦的、是宁静的，如果你对这种状态无能为力，就容易沉迷于低层次的感官刺激中以求得一时快感。

诗人海子以诗的方式谈过他的幸福观：

从明天起，做一个幸福的人。

喂马，劈柴，周游世界。

从明天起，关心粮食，蔬菜。

我有一所房子，面朝大海，春暖花开

过着简单的生活，有房子住、有粮食蔬菜吃、有马代步，有余暇满足自己精神上的爱好——诗和远方，就是幸福了。

鲁迅先生也谈到过对幸福的理解。"居今之世，能做一件事算是活命之手段，倘有余暇，可研究自己所愿意之东西耳。"他在给许广平的信中说："我想此后只要以工作赚得生活费，又有点自己玩玩的余暇，就可以算是幸福了。"

罗素认为当人们的基本需求得到满足以后，生活中的大部分快乐便取决于两个要素，即工作和人与人的关系。

塞涅卡在《论幸福生活》提出"幸福生活就是一种与其自身本性和谐一致的生活"。

伊壁鸠鲁认为幸福是"身体的无痛苦和灵魂的无纷扰"。

亚里士多德把幸福的因子分为三类：身体的幸福，主要指身体的健康、强壮健美等；外在的幸福，主要指财富、运气、友爱等；灵魂的幸福，主要指智慧、基于信仰产生的节制等。

在人们用来祝福的高频词汇中我们也可以总结出对幸福理解的一般模式，有人统计过祝福语中身心健康、家庭美满、工作愉快是排在前三位的高频词，说明和身体关系最密切的是健康，和家庭关系最密切的是亲情、爱情，和工作关系最密切的是享受工作本身，有稳定的收入来源、人际关系和谐、压力适度、有一定休闲自由度，有安全感、目标感是大家公认的幸福要素。但是，即使得到这些要素的满足，每个人的幸福指数也不一样，说明对幸福的认知确实还有个体主观感受的差异性。所以，幸福不是纯主观的概念，是亚里士多德客观要素说和边沁主观感受说的有机统一；是过程与结果的有机统一；是生存需要与发展需要的有机统一；是利己与利他的有机统一；是物质幸福与精神幸福的有机统一；是个人幸福与他人幸福的有机统一。所以，发展社会生产力，完善社会生产关系是实现全人类共同幸福的基本途径。

二、幸福和人的需要的关系

如果要弄清什么是幸福，等于我们在问，摆在人生面前最直接、最现实、最能激励人去为之奋斗的问题是什么？答案可能是五花八门、多种多样的，但概括地回答是两个字——需要。需要，推动着人们去从事各种各样的活动。所以，古今中外的学术界公认，需要是人类活动最基本的动力，需要是人生和社会发展的原动力，而且，这个动力是永恒的和发展的。之所以如此，是因为作为社会主体的人的需要，是永恒的和发展的。所谓永恒的，是因为只要有人存在，就会有各种各样的需要，如果有一天没有需要了，人也就终结了。所谓发展的，是说人及社会不断发展，而人的需要也在不断发展和不断提高。为了满足这不断发展和提高的需要，就必须从事以生产劳动为核心的、各种各样的实践。而人在实践中，不断加深对自然、社会以及人本身的认识，随着认识的发展，思维的创造性就不断提出新的需要。为满足新的需要，就必须又去从事新的社会实践，在新的实践中又会提出新的需要，周而复始，不断发展，以至无穷。需要是发展变化的，不同层次正当需要的合理满足都会使人得到幸福的感觉，所以，幸福才是人的出发点和目的，是人活动的力量源泉。那么，我们究竟怎样正确认识和怎样对待需要，又如何去满足人生的需要？把握住人生需要的发展规律，对于掌握满足人生需要的方法和途径，有着十分重要的实际意义。

从静态看，需要的成分就是幸福的要素，需要的结构就是幸福的结构，这样，事业、信仰、审美、爱情、友情、亲情、健康、富有就构成其实质性内容。为什么人们对幸福的理解、感受不同？就是因为人的需要具有选择性、差别性，不同需要在人们心目中的分量不一样。在同样的比较差的物质条件下，有的人可以自得其乐，有的人就感到无法忍受，原因就在于他们有不同的内心世界。如果你有一个丰富的内心，精神快乐有自足性，你就为快乐找到了一个可靠源泉，幸福就是一种能力。相关研究表明，健康、亲情约占个体快乐影响因子权重的50%，而且国内外的情况是接近的。人类快乐影响因子的多维度说明，满足快乐并不需要过多的资源，健康、亲情、生态、社会公正和人际关系，这些要素原本不需要耗费多少资源，却是无上快乐的源泉。生存阶段增加财富对提高人们幸福指数影响比较大，但随着需要层次的提升，财富影响幸福会出现边际递减效应。此时，人们是否幸福，很大程度上取决于物质之外的因素。

　　人的所有幸福都根源于人的三大属性，即自然属性、社会属性和精神属性。人的幸福源泉主要来自三个层面：物质、感情和精神。所以，人的幸福需要我们构建三大家园，这三大家园分别是生存家园、情感家园和心灵家园。幸福就是三者的和谐统一，三者的割裂造成人的异化，造成不幸，使人成为单面人。为了我们的幸福，我们人性中的三个属性、三大家园和各个层次应均衡发展。

　　通过多年的调查问卷，我们统计出当代人幸福的基本模式：①有一个理想的工作；②有一个温暖的家庭；③有知心朋友；④身体健康、物质生活有保障；⑤娱乐、休闲生活丰富多彩。就个体而言，需要的层次也就是人们幸福的结构。人们幸福的结构是古今中外许多人关注的一个问题，如：我国古代的四喜歌就是那个时代一些人的幸福模式，即"久旱逢甘雨、他乡遇故知、洞房花烛夜、金榜题名时"。我国古人在《尚书·洪范》中的五福也是如此，即"一曰寿、二曰富、三曰康宁、四曰攸好德、五曰考终命"。古希腊七贤之一的梭伦认为幸福是：①没有疾病；②中等财富；③好的儿孙；④心境愉快；⑤安乐地死去。英国的约翰·菲尼斯认为幸福是：①健康无病；②娱乐；③友谊；④有审美体验和宗教情怀；⑤获得知识、发挥自己的智慧。我们熟知的"生命诚可贵，爱情价更高，若为自由故，两者皆可抛"，也是在阐述革命者心目中的幸福结构。鲁迅则认为人的幸福层次是生存、温饱和发展。马克思认为是生存、享受和发展。

三、人生幸福的三大家园

1. 人生幸福的第一家园——生存家园

这个家园中，健康、安全和一定的物质保障就是它的主题。对个体生命而言，真正属于自己的东西只有两样：一样是健康，一样是体验。正如周国平所言："哪怕是你最亲近的人得了重病，你再说感同身受，病痛还是在他的身上，你的感受与真正的病痛还是隔了一层。"所以说健康是真正属于自己的。知识是可以传授的，体验无法传授，体验也是真正属于自己的东西。

在这个家园中我们有必要谈一谈作为物质保障的金钱同生存家园的关系。财富在生活资料匮乏时对幸福的影响是很大的，金钱不但能提供满足人的基本生存需要的生活资料，还能给人带来一定的安全感，衣食无忧的人更容易获得独立性，有自我实现的自由。当今世界上还有许多人为生存和寻找安全感而忙碌，可是我们还应看到，当财富增加到一定程度，即超越了温饱和安全需要以后，它和幸福的相关性就小多了。这就是所谓的金钱的边际递减效应。超越了温饱和安全需要以后，幸福的空间就开阔了，金钱在幸福中所占比例低下来，这时幸福不幸福考量的是金钱之外的幸福因子，这是命运给人在追求幸福上再一次接近平等的机会。有些人却辜负了上苍的这番美意，还在早已脱离个人基本需求的财富上争来争去、比来比去、患得患失、心力交瘁，走进了幸福的误区。

2. 人生幸福的第二大家园——情感家园

在这个家园中，友情、亲情、爱情和尊重是主题，爱是情感家园幸福的源泉，这个家园根源于人的社会属性。由于人的能力所限，绝大多数人首先考虑的还是经营好自己的小家，所以亲情就成为健康之后的第二个重要因子。人毕竟还是社会人，在自己的圈子里受到尊重时人才会感到强烈的幸福感。所以在情感家园中，幸福感还同自尊、自重和来自他人的尊重的需要有密切的关系。这种需要可分为两类：一是自尊，包括对获得成就、实力、优势、胜任、自信和独立等的需要；二是来自他人的尊重，包括对名誉、地位、威信、声望、公认、重要性和赞赏等的需要。自尊需要的满足导致一种自信的感情，使人觉得自己在这个世界上有价值、有力量、有能力、有位置、有用处和必不可少。然而这些需要一旦受到挫折，人就会产生自卑、弱小以及无能的感觉。这些感觉又会使人丧失基本的信心，使人要求补偿，没有这种自信的人们会感到无依无靠。但只是基于他人的看法，而不是基于自己的真实能力、成就的自尊是危险的。最稳定和最健康的自尊是建立在当之无愧的来自他人的尊敬之上，而不是建立在外在的名声、声望以及无根据的奉承之上。

3. 人生幸福的第三大家园——心灵家园

这个家园源于人的精神属性，美好的精神家园就是一个人追求真善美的统一的过程，是自我价值和社会价值统一的过程，也是每个人人的本质的力量显现的过程。自由、审美、哲学和宗教等是其主要表现形式，自由的核心是找到自我，干着他适合干的、有创意的事情。干自己喜欢干的事会使你全神贯注，你的热情会流水一样扩散出去，当你全神贯注在自己的兴趣上时，你会忘记周围的一切，沉浸在幻境中，当你完成工作时，你会感到一种心灵的放松、宁静和安详，进入一种审美境界，这时的宁静才是真正意义上的宁静，这时工作就成为你的信仰。人进入审美境界，会有一种无法言表的喜乐，宗教并不是我们通向灵性的唯一途径，艺术、哲学都是我们通向灵性的显著方式，正应了"了悟不必成佛"这句话。人需要物质生活、社会生活，也需要精神生活，缺少精神生活的人生是干瘪的。没有生存家园人会焦虑，没有感情家园人会寂寞，没有精神家园人会抑郁。如果说人的生存家园是以利己为出发点的，那么人的情感家园和精神家园只有在利他中才能建立，人也就从功利境界上升到道德境界和天地境界。

卢梭曾经断言，人类可以有两次诞生：一次为了生存，一次为了生活。也就是说，作为一个完整的人不仅要有肉的诞生，还必须有灵的诞生。人的生活，分为精神和物质两部分。物质在下，是根系；社会属性是茎叶，输送各种养分；精神在上，是花果。根系发达，枝叶茂盛，开花结果才圆满。人的物质生活达到了一定的程度，自然就会追求精神的享受。然而，只有心境宁静，才能享受精神上的欢愉，为此大凡崇尚精神生活的人，都向往宁静。实际上，那些不屑追逐名利的隐者恰恰有着更大的欲望，他们孜孜追求的是更高级的生命内在的东西。安详的面相，是宁静的心灵流露。人的脸部肌肉运动和内在情感变化有着密切的联系。面相，是长期面部表情的凝固。悲观之人长期愁眉苦脸而呈"苦相"；乐观之人经常喜笑颜开而呈"福相"。美国有位将军曾经向林肯总统推荐某人担任要职，林肯没有答应，理由是"那人长相难看"。将军不理解，认为人的容貌是天生的，不该因为容貌不好就不录用。林肯回答说："一个人过了四十岁，就要为自己的容貌负责。"林肯的意思就是"相由心生"。

三大家园有什么关系呢？它们的关系主要表现在以下几点：

第一，生存家园是人最基础的家园，从人类个体发展与人类种系发展上看都是这样。任何一个人类个体，一出生就显示出有生理需要，并且还以一种初期方式显示出有安全需要。只有在出生几个月之后，婴儿才初次表现出有与人亲近的迹象和有选择的喜爱感。等儿童稍大一些，才表现出对独立、自主以及被表扬的情感要求，心灵家园则最晚出现。人类种系的进化过程也是如此。我们和一切动物都具有进食的生理需要，也许我们与高等类人猿共有爱的需要，而信仰需要则是人类所独有的。越是高级的需要也越为人类所独有。

第二，生存家园是有限的，情感和心灵的家园则是无限的。比如吃一定的食物就可以解除饥饿，然而友爱、尊重、自我实现需要的满足则几乎是无限的。但情感和心灵家园的满足要求更多更好的前提条件。比如友爱的需要与安全的需要相比，不仅要求免于互相残杀，而且要求更好的环境条件（好的家庭、经济、政治和教育等环境条件）。

第三，情感和心灵家园的出现有赖于生存家园的满足，但只有情感和心灵家园的满足才能产生深刻的幸福感、宁静感以及内心生活的丰富感。爱的满足可以使人吃得香，睡得好，很少有疾病。而焦虑、爱的丧失往往使人吃不香睡不好，造成不良的生理后果。安全需要的满足最多只产生一种如释重负的感觉，无论如何它们不能产生像爱的满足那样的幸福的狂热与心醉神迷或宁静、高尚等效果。因此情感和心灵家园的满足具有更大价值。人们愿意为了高级需要的满足忍受低级需要满足条件的丧失，人们可以为了原则而抵挡危险，为信仰而放弃钱财和名声。

第四，情感和心灵家园满足，既有利于社会公众，又会成就真正的健康的个人，在一定程度上，情感和心灵家园越丰富就越少自私。饥饿是以自我为中心的，但追求情感和心灵家园的满足，爱己与爱人是一致的，而不是对抗性的，情感和心灵家园的满足导致更伟大、更坚强以及更真实的个性。因此，追求情感和心灵家园的满足代表了一种普遍的健康趋势，一种脱离心理病态的趋势。追求情感和心灵家园的满足既有利于社会，又可以给自己带来更大的幸福、更深的宁静，情感和心灵家园是建立在生存家园的基础上的，但情感的心灵家园一旦牢固建立，就可以相对独立于生存家园。

三者的关系告诉我们，除了自然属性具有相对稳定性外，社会属性和精神属性则随着社会、历史文化的变化而变化，表现出可变性、差异性和开放性，使人性呈现出无限丰富的形态。所以，人的温饱安全得到满足以后，幸福的感受就主要来自情感和精神世界，当人们的基本需求得到满足以后，生活中的大部分快乐便取决于两个要素：工作和人与人的关系。单凭技术进步、繁荣和财富并不能给人带来全面的真正的幸福，人性是人的需要的协调发展。在基本解决温饱问题的前提下，我们应当追求简单的物质生活和丰富的精神生活，寻求物质生活与精神生活的平衡。

三者的关系还告诉我们，自然属性像人性之根，社会属性像人性的茎、叶，精神属性像人性的花、果。儒释道对应人的三大属性，对应人需要处理的三大关系，以儒治世，更多的是关注人的社会属性，侧重处理人与人的关系；以道养身，道教有一派更多地关注人的自然属性，侧重天人合一的关系；以佛养心，更多地关注人的精神属性，侧重人与心灵的关系。

幸福指数难以量化，关键在于幸福因子在每个人的幸福中所占的权重比例不同，有人重财富，有人重尊严，有人重爱情。

科学的幸福观应该包括四个统一：主观与客观的统一，物质生活和精神生活的统一，个人幸福和社会发展的统一，享受和创造的统一。劳动创造不仅是享受的手段，它本身就是人最好的享受。当你有能力为社会的进步和发展作出自己的贡献的时候，你会体会到一种至高无上的幸福。幸福从个体角度而言，就是个人能力同欲望的动态平衡，幸福是尽自己所能使人性日趋丰富的过程。

人常常刻意追求清风明月的飘逸散淡，又隐隐恐惧人生价值不能得以充分实现，上帝给你的天赋如何，只有在奋斗中体现，在没到"知天命"之年，还是把"入世"当成生命的主旋律，把"出世"当成和弦。"天下没有场外的举人"，自己的天赋大小，年轻时通过不断地努力尝试才会显现出来，所以，奋斗是青春最亮丽的底色。

在无限的宇宙中，人总想寻找精神上的阿基米德支点。人的需要层次之塔就建立在生存的地基上，上层是感情的归属和真、善、美的精神追求。在这座塔中，物欲为生存，情欲为审美，思欲为自由。在座这塔中，情欲与理性冲突、斗争，使形而上的信仰和形而下的爱情成为最不穷究的事情。人的幸福就是在需要之塔的建造中，保持精神需要的开放性，使创造永无止境，使塔的建造永不封顶。每个人建塔的巨手就是他本人的实践活动。实践活动就是主观能动性和客观制约性的相互作用、互为因果的动态过程。这个过程告诉我们"谋事在人，成事在天"是清醒的畏天命，它让我们在努力追求结果的同时，绝不放过享受生命的过程，让你的欲望和能力有一个动态的平衡。

四、用马克思人性、人的本质理论解读我国优秀传统文化中所蕴含的幸福真谛

（一）儒家思想中蕴含的幸福观

1. 《论语》中蕴含的幸福观

弘扬中国传统文化涉及的第一个问题，就是马克思主义理论同中国传统文化的关系问题。在这里我们一定要坚持用马克思主义作指导，用马克思主义辩证唯物主义的方法论梳理中国传统文化，才能达到取其精华、去其糟粕的目的，用唯物辩证法这条真理之红线串上梳理出的优秀传统文化的珍珠。

幸福观离不开对快乐的反思，仔细地说来，快乐有健康与病态、高尚与卑劣之分。有人会因为吸毒、飙车这些外在的刺激而感到快乐，还有建立在别人的痛苦之上的快乐。这些都是病态，因此这些快乐不能被称为幸福。真正的幸福，一定是健康的、正常的、利于自我和他人的身心健康的快乐。幸福生活是快乐的，而快乐并不等于幸福。人的需要和欲望有些是非健康的，所以快乐有正负之分。幸福是一种持久的内在的喜乐，甚至在逆境当中变得越发强烈，这种幸福赋予生命永恒的价值。这里的快乐是人生一世所得到的快乐总量极大化，它不是某时某刻的享受极大化，而是一生一世的快乐总量极大化；它不是今朝有酒今朝醉，只顾现在，不顾将来，而是既顾现在，更顾将来。

（1）《论语》号称中国古代读书人的"圣经"，对中国人思想观念的影响是深远的。《论语》开篇就说乐，是孔子告诉我们人生的要义就是追求人生的幸福快乐！什么是幸福快乐？孔子告诉人们人生的幸福快乐可以分三个层次。我们用马克思人性理论去梳理，就是强调人的精神属性、社会属性和自然属性方面需要满足的快乐。

第一个层次是精神上的快乐。"学而时习之，不亦乐乎"，按照南怀瑾先生的解释，"学而时习之"重点在于时间的"时"和见习的"习"。学问是从人生经验上来的，生活随时随地都是我们的书本，都是我们的教育，这就是学问，学问就是这个道理。所以，"学而时习之"就是随时随地要思考，随时随地要见习，随时随地要有体验，随时随地能够反省，这就是学问。杜威认为学生的经验是教育的核心。开悟、有学问，人有得于心，当然会悦，悦者，会心的微笑。《论语》的开篇道出了生活的终极真理是喜悦，而其他种种都是生命的附庸。"说"是古文借用字，就是高兴的那个"悦"字，这是讲人的精神之乐，这可不仅仅是让我们把学过的东西进行复习的意思，这里的关键是对"习"字的理解，习是见习、反省、体验、思考和实践之意，是长智慧的意思，是"处处留心皆学问"之意，是在生活中把学到的东西悟透得到会心的微笑的意思。"悦"不是哈哈大笑，是有得于心而产生的会心的微笑。《论语》开头就说乐，是孔子告诉人们人生的要义就是追求快乐！这是人的精神之乐！

第二个层次是感情上的快乐。"有朋自远方来，不亦乐乎"，南怀瑾先生认为这个"远"，不一定是空间上的远，还有时间上隔得久远。这个"远"形容知己之难得，"人生得一知己足矣"。任何一个人过了一辈子，包括你的配偶、儿女、父母在内，可不一定是你的知己。一个人哪怕轰轰烈烈一辈子，不见得能得一知己，完全地了解你，做学问的人更是如此。

第三个层次是心态健康的快乐。"不愠"这个问题很重要，从哲学意义上说人与人之间根本的了解是不可能的，别人不理解就生气，怨天尤人是常态。如果是君子，内心并不会蕴藏怨天尤人的念头，拿现在的观念来说，这种心理绝对是健康的心理，所以我们说这是健康层面上的快乐。"人不知而不愠，不亦君子乎？"这是健康心态之乐，人不理解而不生气，不怨天尤人，这才是君子健康的心态。个体的差异性告诉我们，完全的理解是不存在的，孤独不是谁的独家买卖，气生百病，别人不理解而你不愠——不生气，这才是健康的心态。"人不知而不愠"，字面上没有什么难解，但实际精解是什么样子呢？这就必须切己反省。我们干了工作，遭到误解，就会非常生气，表面上是生别人误解的气，深究下去，却是自己在做工作时，先存了一个期得人知的心理。就像行善不能时时想着善报，盼着善报，而是行善本身就让你快乐，否则一旦落空，人就失望痛苦得要命。我们修持，就是修掉这一点对别人的期待，只反思自己的工作做好了没有，此外不期待、不关注任何别人的反应。做不到这一点，你就会时常感到内在的痛苦、不快乐，处世态度也可能滑向追求表面文章的邪路上去。经过不断地修持，当你接近"人不知而不愠"的境界时，内心的痛苦会不断减轻，轻舒自在之乐则油然而生。这就是君子之境界了。

"古之学者为己，今之学者为人"，学为己乐，知不知在人，何愠之有？况且理解需要相同的体验，而不同的历史记忆、文化氛围和生活气息会造成不同的成长记忆，我们的成长记忆就是属于我们这代人的，知识可以传授，但"体验永远无法传授"。正是由于"体验永远无法传授"，世间才会有永恒的话题。别人用自己的经验教训告诉你，你都不能真正学会，只有你真正的经历过了的、悟出来的才是自己的，纸上得来终觉浅。所以，每代人都在犯错误，都在用自己的错误教育下一代，而下一代仍然犯错误。对于理解，追求不强求，有时我们要有"理解我幸，不理解我命"的心态。因为，许多东西是语言无法传授的，例如：体验、意境、哀乐也是不可描述的，大凡古老而常新的话题、永恒的话题都是和体验有关，理智、别人的经验在这点上往往是"贫血"的。每个人体验的独特性决定完全的沟通、真正的理解是很难的，心灵中淡淡的孤独感是永恒的。再往深处想，人与人之间本来就无法重叠，人们总是以自己的价值观念去判断生活中的一切，说明误解是不可避免的，既是必然，就不该存有让所有人理解你的幻想，做到"人不知而不愠"才会自得其乐。

这里圣人开门见山地告诉了我们《论语》的主题，也就是人生的终极追求就是喜悦。人有三大快乐：心态健康之乐，情感之乐，精神之乐。孟子也有类似的三乐，他认为精神之乐是"得天下英才而教育之"，感情之乐是"父母俱在，兄弟无故"，心态健康之乐是做什么事都要"仰不愧于天，俯不怍于人"。《论语》开篇"仁"的表现形式——三乐是我们一定要高度重视的，它意味着乐是仁的表现，不是随外物变化而隐现的心理现象。人类不快乐的原因不外主、客两方面：主观则是一种态度，一种内在精神境界和格局；客观包括身体、自然及社会条件。以乐为主题讲习体行的现代新儒家梁漱溟认为《论语》的宗旨就是一种乐观的人生态度，乐是仁者的外在风貌，不仁者不可久处约，不可长处乐，用马克思主义人学语言解读这三乐就是人的自然属性、社会属性和精神属性的统一，相应地就要建立人生的三大家园——生存家园、感情家园和心灵家园。

（2）《论语》的结尾也充满人生的智慧："不知命，无以为君子也。"这需要用马克思人的本质理论去解读。马克思人的本质理论是我们破解命运之谜的金钥匙，马克思认为人的本质——社会实践活动是动态的，进一步又分析了人的实践活动是一个系统，有生物性因素、社会性因素和意识性因素，这是系统内各个因素相互之间合力作用的结果。人的一生有三种力在左右人的命运，有一种力人能左右，有两种力人不能完全左右，所以孔子谈到自己时说，他尽了己力之所及，而把事情的成败交付给命。我们从事各种活动，其外表成功，都有赖于各种外部条件的配合。

但是，外部条件是否配合，完全不是人力所能控制的。因此，人所能做的只是："尽人力，听天命。"

能够这么做，人就不必拳拳于个人得失，就能保持快乐，故"仁者不忧"，"君子坦荡荡，小人长戚戚"。乐天知命的人在任何环境下都能"尽人力，听天命"，所以他的不忧是一种无漏的快乐，是一种内在的喜悦。因为他"足乎己无待于外"，他为自己营造了一个不为外境左右的自足世界，将安身立命之本放在内心，"菩提只向心觅，何劳向外求玄"，这样的人即使外人"不堪其忧"，他也会"不改其乐"。《论语》的结尾道出了它最重要的归旨，所以大儒梁漱溟先生说："孔子学说真正的价值就是'乐生'。"自己不跟自己打架，活得顺适通达，这是《论语》的真经所在，这也是"孔颜乐处"处在何方，也是亚历山大羡慕第欧根尼的原因之所在。这是精神、心灵快乐自足性的表现。

"尽人力"就是知道自己能做什么，什么是该做的；"知天命"就是知道自己不能做什么，什么不该做。这时才耳顺，任你在我耳边说什么新奇的、花样的路，我"量力守故辙"，我度量好了自己，只守住自己这条路，毫不动心，知道坚决干什么，坚决不干什么，这时人才能追求不强求，为所当为、顺其自然，从心所欲不逾矩。矩，天命所限也，非外在规矩，这时，人能欣欣然地自觉地走在自己特色的人生道路上，并且"一以贯之"，在这个喜乐的人生旅途上快乐地行走着，"不知老之将至"。《论语》的结束语"不知命无以为君子也"告诉我们人的内心深处都有一口快乐泉，只看你能不能挖到，挖到这口快乐泉的泉眼就能超越成败得失、超越生死，这也是庄子齐万物的精髓所在。人能够在任何环境下自得其乐，身心才能得到大滋养、大滋润。怎样才能活到这种境界？子曰："知天乐命。"知天乐命才会得到无漏的快乐，内心才会有永不枯竭的快乐泉，才会"为有源头活水来"。"仁者乐山，智者乐水"，智者的快乐就像有源头的活水一样，源源不断欢快地流淌，仁者的快乐像大山一样巍然不动，宁静、祥和。"仁者不忧"，孔子把乐看得很高，"知之者不如好之者，好之者不如乐之者"，孔子不仅赞颜回在"人不堪其忧"的情况下，仍"不改其乐"，且夫子自道"发愤忘食，乐以忘忧，不知老之将至"。但孔子喜欢将忧乐相对，他赞颜回"人不堪其忧，回也不改其乐"，又自许"乐以忘忧，不知老之将至"，还不止一次强调"仁者无忧"。什么是忧呢？结合孔子全部言行来看，就知道"无忧"不是没有苦恼或悲伤，也不是没有憎恶，更不是对他人的苦难无动于衷，对人类没有责任感。颜回早逝、子路死于非命，孔子恸哭不已。不论孔子还是其他儒家学者，都不能完全无忧。不忧是对个人际遇具体得失的不计较，因此儒家强调"乐以忘忧"。庄子看透"仁者不忧"的困难，径自接过孔子论颜回的话头，并按自己的思路向前推进。庄、孔都可以忘怀得失，但庄子还可以弃绝伦常。最后的关口，就是破除对死亡的担忧。"不知生，焉知死？"孔子把问题悬搁起来。庄子要从理智上解答，为妻死鼓盆而给出的理由是：生死为一气之聚散。

《庄子·至乐》中的"逍遥游"之逍遥，就是庄子式的乐的境界。要做到逍遥游具体方法是九个字——齐万物、齐是非、齐生死（齐就是无差别境界）。"齐万物"篇中鲲鹏和蓬间雀的故事被很多人误解为"燕雀安之鸿鹄之志哉"，实际上庄子是讲平等，只要尽力了，鲲鹏和蓬间雀活得都很快乐。齐生死，讲对死亡的态度，对生死问题的直面，是庄子对中国文化的一大贡献。庄子对魏晋玄学甚至佛学中的禅宗，都有影响。

（3）"孔颜之乐"所体现出的幸福观也需要用马克思人学中物质与精神关系的科学理论进行解读，认识才不会产生误区。

子曰："饭疏食，饮水，曲肱而枕之，乐亦在其中矣。不义而富且贵，于我如浮云。"子曰："贤哉，回也！一箪食，一瓢饮，在陋巷，人不堪其忧，回也不改其乐。贤哉，回也！"子曰："君子居之，何陋之有？"无论是孔子的自述还是对弟子颜回的赞许，都让我们思索孔子"乐亦在其中"，颜回"不改其乐"，所乐何事？

《论语》或孔子并没有具体说明过这个"所乐为何"的问题。最早提出这个问题的是宋初的理学鼻祖周敦颐，他曾邀二程"寻颜子，仲尼乐处，所乐何事"。此后，"孔颜之乐"问题上升为人生终极意义的思考问题。接下来对这一问题有深入思考的就是王阳明，龙场悟道对他的人生态度产生了巨大的影响，让他的生命和"孔颜之乐"贯通。他发出"颜子没，而圣学亡""常快活，便是功夫""'乐以忘忧'是圣人之道"的感叹，指出"孔颜之乐"是指无论富贵贫贱，即便身处贫贱困厄之境时，都能"不改其乐"，"乐亦在其中"。此"乐"并未因外在的物质生活环境及人们的毁誉等的变化而有所改变。"素富贵，行乎富贵；素患难，行乎患难。"可见此乐超越了贫富等物质生活，超越了顺逆等生活境遇，超越了成败等事功追求，同时也超越了社会伦理道德。

"孔颜之乐"本质上不是安贫乐道，鲁迅早就说过劝人安贫乐道是统治者常给老百姓开的方子，但不会有十全大补的功效。认为孔颜以贫为乐、安贫乐道，这种认识无疑是肤浅的，没有理解孔子的义利观是统一的，贫穷本身并没有快乐可言。实质上孔子是"食不厌精，脍不厌细"，"口之于味，有同嗜焉"。所以，决不能把"孔颜之乐"肤浅地理解为喜欢箪瓢陋巷式的生活；也不是换个角度，在穷日子中无奈地找乐子；更不是让穷人找到"精神胜利法"自我安慰一下。因为这与孔子的学说是格格不入的，孔子说，"君子爱财，取之有道"，"富与贵，人之所欲也，不以其道得之，不处也"。孟子也说，"鱼，我所欲也，熊掌，亦我所欲也，二者不可得兼，舍鱼而取熊掌者也。生，亦我所欲也，义，亦我所欲也，二者不可得兼，舍生而取义者也"。富贵人之所欲也，道义人之所欲也，两者不可兼得。舍富贵而取道义者也。"富而可求也，虽执鞭之士，吾亦为之。""邦有道，贫且贱焉，耻也"，**如果一个人能取之有道地摆脱生活的困境，不努力摆脱是可耻的**；"邦无道，富且贵焉，耻也"，让我同流合污或违背自己的天性才能换取富贵，那我宁可箪瓢陋巷。最基本的物质保障是人生存的基础，要努力在"义"的前提下争取，哪怕干一些极平凡的工作。这样我们就清楚了"箪瓢陋巷，乐从何来"的第一个层面，必然不是来自外部环境，贫与贱，是人之所恶也！谁也不是自愿过贫穷困顿、流离失所的生活。"孔颜之乐"只是不因环境改变而"改其乐"，关键是"不改"其乐。现在这样不好的环境都能快乐，环境好当然也乐呀。儒家是承认并接受身之乐的追求的，因为孔子先要求"富之"，然后才是"教之"。《论语·子路》中的"富之"要求物质基础，它是身之乐的基本条件。只有承认身之乐，才有必要让人民富之。当然，对周代礼乐文明高度向往的孔子，对心之乐有更多的讲究。但相比物质快乐而言，精神快乐更持久、更有滋味。所以，"孔颜之乐"是物质需要和精神需要相统一的快乐。

揣摩"孔颜之乐"要从《论语》的原文"回也不改其乐"中入手探究，一个"不改"，一个"其"是两大路径。不改并不只是遭遇贫困后的坚持，也应包括大富大贵后的坚持，就是不以得喜，不以失悲，不以身之进退而改变，是贫贱不能移，富贵不能淫。也就是在他的价值体系中，他找到了比物质享受更快乐的东西，这个东西是什么呢？就需要玩味这个"其"字。

这个"其"字的第一层含义，我理解就是回应《论语》开篇三乐，颜回得到需要层次最高处的乐即"学而时习之"之乐，这是每天都有新的感悟、新的发现的精神得道之乐。

　　"孔颜之乐"第一层次是精神上每天都有新发现的感悟真理之乐，心中有这种乐，"饭疏食，饮水，曲肱而枕之，乐亦在其中矣。不义而富且贵，于我如浮云"。这里的"不义"是不宜的意思，不义（不宜）超出能力上限做事损害身体健康这个根本是对自己不宜，时机不对也是不宜，比如学生时代以学习为主，即使家庭贫困也不宜放弃学业以挣钱改善生活为主业。不义的第二层含义就是超出道德底线做事是对别人不义。在不义的前提下才有"不义而富且贵，于我如浮云。饭疏食，饮水，曲肱而枕之，乐亦在其中矣。一箪食，一瓢饮，在陋巷。人不堪其忧，回也不改其乐"，也才会有"仰不愧于天，俯不怍于人"的浩然正气。有了这种义，才会有朱熹所说的"心灵充满而积实，则美在其中而无待于外也"。"孔颜之乐"不是以苦为乐，而是得道后的虽苦尤乐，这种乐和"陋巷、庙堂"无关。可以说是贫贱不改其乐，富贵亦不改其乐，生不改其乐，死亦不改其乐。正像王阳明所说，"圣人之道，吾性自足，不假外求"。在物质上如此，在功事上亦如此，"用之则行，舍之则藏"，说明物质和精神两方面都得到满足是人生的理想状态，要努力争取，哪怕做一些极平凡的工作都是好的，只有"不义"时，"富且贵"才"于我如浮云"。这里的"不义"首先是指不仁义的意思；其次，这里的"不义"还有"不宜"的意思，不适宜自己的财富不取，比如，超出自己的能力的财富不取，时机不适宜不取，"见小利，则大事不成"。

　　"孔颜之乐"第二个层次我认为是回应《论语》结语"知命"后的"心泰"之乐。"心泰"是一个人洞释人的本质、参透人的命运后，做事"尽人力、听天命"，得坦然、失淡然的一种祥和、平和的喜悦状态。任何时候都能自得其乐，这是一种无漏的快乐，这种乐是寻找到生命内部的快乐泉，也就是在内心寻找到了自己"安身立命之地"的快乐，喜悦的泉水源源不断地滋养、滋润你的心田。"孔颜之乐"道出了中国哲学的一个重要旨归，即在精神上创造一个不为外境左右的完满自足的内心世界，坦然达观地面对境遇中的穷通逆顺，将"安身立命之地"放在内心，而非外境，人就会不改其乐，这样的学问才是真正的受用和享受，你会从这里得到最大的快乐。只有这样，人才能"不迁怒"，既不会怨天尤人，也不会自怨自艾，而能做到乐天知命。

　　"孔颜之乐"第三个层次是他们达到"齐生死"的天地境界，认识到宇宙大化的无尽，"俯仰终宇宙，不乐复如何"，所以，他们活得快乐，活得潇洒。所以梁漱溟说，孔子最大的学问或者说孔子学说的真正价值就是"乐生"。"孔颜乐处"在中国文化中有着特异色彩，其根本意旨就是自得的乐、绝对的乐、无漏之乐，相对于"外求之乐"，外求则是相对的乐，依赖外在条件满足的快乐，得之则乐、失之则苦。王阳明在龙场思考"圣人处此，更有何道"。"寤寐中若有人语之者，不觉呼跃，从者皆惊。始知圣人之道，吾性自足，不假外求。"可见"龙场悟道"更深层的意蕴是对"孔颜之乐"的发现，让我们感受到突破外在束缚后那种自由、愉悦的心理感受。

《论语·先进》篇里论述了一个与"孔颜之乐"密切相关的"曾点言志"的故事。孔子曾让弟子子路、曾皙、冉有等各自谈谈志向。曾子曰："莫春者,春服既成,冠者五六人,童子六七人,浴乎沂,风乎舞雩,咏而归。"夫子喟然叹曰:"吾与点也!"孔子为何单独深许曾点之志?因为其他弟子的境界只在事功和道德层次,而曾点之志达到了审美境界,天地境界!正如朱熹所言:"曾点之学……其胸次悠然,直与天地万物上下同流。"在人与自然、人与人、人与心灵的和谐安宁中达到"从心所欲不逾矩"的自由境界,这也是"孔颜之乐"。这是一种能抛开一切外在束缚、不为外物所累,顺适本性自由放松的人生"真乐"。陶渊明归田园后,所体验的"此中有真意,欲辩已忘言"也就是这种"孔颜之乐"!那是一种没有得失计较的喜乐,是一种"得道"的喜乐。一个人的精神、心灵达到某一种境界的时候,你就会有一种很祥和、宁静的喜乐。他做到了"穷则独善其身",找到了自己安身立命之所在,再也不会被外界的事物所左右、所迷惑了,能够自得其乐,"知音苟不存,已矣何所悲"。

王阳明先生也是"龙场悟道"后体会到了"孔颜之乐"。王阳明初到龙场就自己动手搭建了一个草庵,后来在夷人的帮助下用竹木新建了一座正式居所,将其命名为"何陋轩",并作《何陋轩记》,"安而乐之"。王阳明在龙场的居住条件虽然简陋,但他心中有了快乐泉,感到一种恬淡之乐,"夷居信何陋,恬淡意方在"。王阳明认为，不论身处什么样的逆境，面对怎样的艰难困苦，只要能够心安意定，就能安顿好自己的生命，从内心深处涌出愉悦快乐。王阳明曾说："此心安处，即是乐也。"所以可以说这种快乐是从心灵深处涌出的，根源不是外在的，这样才能"箪瓢有馀乐，此意良匪矫。幽哉《阳明》麓，可以忘吾老"。

可见王阳明"龙场悟道"后所体会到的"孔颜之乐"首先是一种精神上的快乐，这是他悟到圣人快乐的"本体"，就是"良知"。致良知就是根据自己的能力和认识水平，结合外在的条件，知行合一地把良知向前推进，日日新，苟日新，又日新。良知是一个复合概念，既是实体意义上的概念，又是发生学意义上的概念，良知是人性向善的指南针。具体到每个人，良知要如何致就要求通《易经》，懂得变易，但良知两字是千古圣学之秘，是一切学问的根本，是做人的"定盘针"。悟到此道，安能不乐？这是一个人达到冯友兰先生所说的"天地境界"之后的一种快乐，是超越道德境界的天地境界，强调心无挂碍，与万物同体、与天地同流，是一种个体身心安宁后所得到的"真乐"。

"龙场悟道"后王阳明的精神境界得到了极大提升，自由、自信、独立的人格形态得以确立。王阳明"龙场悟道"后在精神层面上努力实现了对得失荣辱、生死祸福的超越，自然就会使自我的生命获得极大的解放和提升，有超然洒脱之气质，使一己生命融入宇宙之中，并在这种天人合一的天地境界中感受生命的欢愉和满足。正像左东岭认为的，对王阳明而言，"龙场悟道"

的意义在于：他一方面动用以前掌握的禅、道二家的修炼功夫保持心境的平静空明，同时又运用心学提升了禅、道二家的人生境界，从而获得了从容淡定、自由潇洒的心境。可以说豁然开悟到"圣人之道，吾性自足，不假外求"的心性本体是他生命境遇中的一次巨大转折和全新体验，对其以后的思想和生活都产生了深刻的影响，这种精神上的蜕变，无异于一场全身心的新生，难怪他开悟后，"不觉呼跃"，惊喜异常。

"龙场悟道"后王阳明以良知为最终的生命依托，也为其心学奠定了基石，同时使他获得了生命的黄金——真乐，这种乐超越了得失荣辱，是一种高级的人生享受。

总之，王阳明龙场悟道后，生命和"孔颜之乐"贯通，建立了自己可以安顿身心、情感的物质家园和精神家园。

（4）要充分理解《论语》中幸福快乐的意蕴就要对《论语》中"仁"的含义有准确的理解。"仁"本质上体现的是马克思人学自我价值和社会价值的统一，是利己和利他的统一，是大我和小我的统一。

"师者，所以传道授业解惑也。"传"道"，首先就要明白什么是"道"。《道德经》讲"道可道，非常道"；《论语》中有"朝闻道，夕死可矣"；王阳明有"龙场悟道"，但是从本体上很难讲。《论语》中孔子多次回避直接讲道是什么，可能这种问法就有问题，道不是什么，不是实体概念，是动态流，是发生学中的生成概念，但这种状态可以被描述，道法自然，平常心即佛。

《论语》中讲"道"可以"依于仁""据于德""成于乐""行于义",从这几方面可以体察看不见实体的"道"。韩愈《原道》中也谈到"道"。他说:"博爱之谓仁,行而宜之之谓义,由是而之焉之谓道,足乎己无待于外之谓德。"仁者所做的事都是正当的,就叫"义",是有"义"的表现。你就按照这个路走下去,那么就是道。你走这条路的结果就是内心感到充实,"足乎己无待于外",不再盲目追求外在的满足了,这就是德,也是一种自得,也是一种自在。

既然"道"依于仁,我们再回过头来谈谈"仁"。理解"仁",关键要抓住"仁"字所包含的立己和立人永远是一个共同体。"仁"这个字在先秦的一些典籍中是上身下心的写法,也就是"仁"既有身心关系,又有人人关系。"仁者爱人","修己以安人",修己的功夫就是自爱,安好自己的身和心,做到极处就是内圣,安人做到极处就是外王。人类要安身,就要处理好人与自然的关系,主要的智慧表现形式是科学技术。要安人,处理人与人的关系,主要智慧表现形式是民主法律制度。安心,让心宁静,这是最高智慧,表现形式主要是信仰、审美和哲学。

孔子的门人子路,有一天问孔子说:"怎样才能做成一个君子?"孔子回答说:"修己以敬。"这句话的意思,就是要把自己慎重地培养、训练、教育好的意思。"敬"在古文中解释为慎重。子路又说:"这样够了吗?"孔子回答说:"修己以安人。"这句话的意思,就是先把自己培养、训练、教育好了,才能更好地为别人。子路又问："这样够了吗?"孔子回答说："修己以安百姓,尧舜其犹病诸。"所以《论语》中孔子提出"夫仁者,己欲立而立人,己欲达而达人",这一思想后来被孔子的孙子子思概括为"成己,仁也"(《礼记·中庸》)。上身下心的"仁"的早期写法反映了身心的内在关系,"从人从二"的"仁"字是自我与他人的外在关系,它们共同构成了"仁"字的完整内涵。孔子的"仁者爱人"实际上是"推己及人"的过程。孔子的"仁"是一个互动的过程,是"成己"与"爱人"互动的实践过程。全人类的文化和制度都在解决一个问题——如何防止利己扩散成贪欲,如何使利己和利他统一,如何使自我价值和社会价值统一。我们的传统文化中的"仁",就体现了这种统一。马克思、恩格斯在《共产党宣言》中庄严宣告了这种统一。在《共产党宣言》中,马克思、恩格斯庄严宣告:"替代那个存在着阶级和阶级对立的资产阶级旧社会的,将是这样一个联合体,在那里,每个人的自由发展是一切人的自由发展的条件。"[1]马克思认为,个人是有着社会规定性的具体的个人,其和社会是相互依存、互为条件的。没有个人,社会就不会存在;而没有社会,个人也不可能得到生存和发展。只有在共同体中,个人才能获得其全部发展的条件。也就是说,只有在共同体中才可能有个人自由。马克思主义的发展观是整体的,是自我价值与社会价值的统

---

　　[1]《马克思恩格斯选集》(第1卷),人民出版社1995年版,第67页。

一，国际关系中也需遵循这一原则，体现这种统一，比如我们提出的打造"人类命运共同体"。

2. 陶渊明诗中蕴含的幸福观

我们通过陶渊明的仕隐观可以看到他是如何处理物质与精神关系、利己和利他关系、自我价值和社会价值关系的。陶渊明是最能体现"孔颜之乐"的诗人，不义富且贵于他如浮云，中国人讲"达则兼济天下，穷则独善其身"，陶渊明是"穷则独善其身"的代表人物，影响了许许多多中国人的喜乐观。人生的喜乐自有很多种，有的人喜欢炒股、炒期货，今天可能一下子赚了很多钱，但是明天有可能一下子就破产了。那是一种充满了得失计较的喜乐。而陶渊明的喜乐，是一种"得道"的喜乐。一个人不一定非要有什么虔诚的宗教信仰，可是你的精神、心灵达到某一种境界的时候，你就会有一种很祥和、宁静的喜乐。他做到了"穷则独善其身"，找到了自己安身立命之所在，再也不会被外界的事物所左右、所迷惑了，能够自得其乐，"知音苟不存，已矣何所悲"。在生命的起始，陶渊明是多么想"达则兼济天下"，多么想有所作为，渴望"刑天舞干戚"这样英勇顽强的精神，然而他置身的仕途实在是太肮脏和黑暗了，这使他走上了独善其身，超越卑俗的路，向着高尚的"得道"的喜乐境界攀援。

我们说陶渊明有一种"得道"的喜乐，这个"道"是什么意思呢?《论语》讲"道"，佛家也讲"道"，道教自然更用这个"道"字了，它们所指的涵义并不是完全一样的，但是它们之间也有相通的地方，就是都不否定宇宙之间有一个最重要、最宝贵的东西，得到了以后，能够使人有自己的操守，内心充满喜乐，这就是"道"了。

陶渊明有自己的操守，他后来说："饥冻虽切，违己交病。"尽管肉体上"饥冻"的痛苦让人难以忍受，可是你让我做我内心非常不情愿的事，那我就会"交病"，我身上就像生了许多病一样难过。也就是说，这是比"饥冻"一类的肉体痛苦更加令人难以忍受的心灵的痛苦。陶渊明在诗中又说："死去何所知，称心固为好。""称心"，就是按照自己的心意去做。不管追求儒家的"仁"也好，道家的"道"也好，你不是为了追求之后得到什么报答，甚至也不是为了死后得到什么赞美，你追求，只是因为你觉得那样做会让你内心感到平安快乐。为什么说"朝闻道，夕死"都可以？就是因为那时你就有一种内心的平安和自得的快乐了。这是一种"足乎己而无待于外"的自得其乐，也是一种乐天知命，天下事确实有一些是你自己不能掌握的，得"道"之乐，就是知道自己必须做什么、绝不做什么的一种坚定的态度，是"量力守故辙"。

所以陶渊明是一个"任道"的人，这使他脱离忧、烦，他内心有一个充实快乐的源泉，脸上的表情是那么宁静、祥和。那不是装出来的样子，是他内心真的达到了这样一种境界，找到了一条精神上的出路。

这也是马斯洛最高的需求层次——"完成你自己"，也可以说是"自我完成"。而且，当你达到这个境界以后，你就真正地找到你自己了。"托身已得所，千载不相违。"陶渊明实际上也不反对追求名利，连孔子都说："富而可求也，虽执鞭之士，吾亦为之。"他反对的是"违己"得之，"不义而富且贵，于我如浮云"，因为他深知"违己交病"，而且还知道"货悖而入者，亦悖而出"（《礼记·大学》）。你的任何东西，如果是用不正当的方法取得的，将来一定由不正当的途径失去。

陶渊明的诗之所以丰富、深刻，也是因为他经历了人生的矛盾、选择和挣扎，而终于找到了自己的一个立足之地。陶渊明最具人学意味的诗是《形影神》组诗，诗中充满诗人对人性、人生本质的自觉反思和对现实人生的观照，引导着人按照人性的规律去生活，并为人类的生存提供智慧的理念。**这也是陶渊明的诗不但为诗人所景慕，而且引起后世哲学家浓厚兴趣的原因。**

哲学家对人性、人的本质的阐述是哲学式的，而陶渊明用诗所阐述的却是鲜活的。比起抽象的哲思，陶诗更加圆满地触及人性，因为陶诗是把内心体验出来的思想与感情用感性的形象表达出来，通过美来对人性与人的本质进行艺术表现。陶诗在这个意义上可以说是艺术哲学。对这一点李泽厚先生做出了深刻解读，他说："陶诗艺术境界的特殊的地方，就是它把平凡的生活中所蕴含的美极为自然质朴地写了出来，同时又把它与玄学、佛学所要解决的人生解脱问题联系起来，因而使得这种艺术境界具有深刻的哲理意味。"

苏轼更是以魏晋以来第一诗人来定位陶渊明，其于《苏辙书》云："吾于诗人，无所甚好，独好渊明之诗。"苏东坡一生最崇拜的人就是陶渊明，他提到陶渊明永远是学生的口吻："渊明吾师。"陶诗 124 首，他每一首都唱和了，在苏东坡看来，李白、杜甫还在陶渊明之下。陶渊明作诗不多，然其诗质而实绮，癯而实腴。"自曹、刘、鲍、谢、李、杜诸人，皆莫及也。"可见自唐宋以来，陶诗就已经逐渐确立了《诗》《骚》之后的文人诗经典的地位。之所以如此，是因为陶渊明的诗在人生的思考与践履上达到了相当高的人生境界。冯友兰先生曾将人生的境界分为四种：自然境界、功利境界、道德境界与天地境界。自然境界，是自然的产物，几乎不需要觉解；功利境界、道德境界，需要较多的觉解；天地境界则需要最多的觉解。前三种人生境界——自然境界、功利境界和道德境界，它们虽然层次不同，各有差异，但有一点是相同的，就是它们都受外物的限制和约束。处于自然境界的人受动物本能的限制；处于功利境界的人受个人欲望的制约；道德境界具有自律的性质，但也具有服从社会伦理的他律成分。天地境界则高于道德境界，具有天地境界的人超越了一切功利约束，这种人的行为已不是停留在"行义"，而是"事天"。"事天"是以乐天知命为前提的，乐天知命的人在任何环境下都能"尽人力，听天命"，所以他的不忧是一种无漏的快乐，是一种内在的喜悦，因为他"足乎己无待于外"，他为自己营造了一个不为外境左右的自足世界，将安身立命之本放在内心，"菩提只向心觅，何劳向外求玄"。这样的人即使外人"不堪其忧"，他也会"不改其乐"，这是《论语》道出的最重要的归旨。所以大儒梁漱溟先生说："孔子学说真正的价值就是'乐生'。"自己不跟自己打架，活得顺适通达，这样才能明白"孔颜乐处"乐在何处，也明白"吾与点同"同在何方，这也是亚历山大羡慕第欧根尼的原因之所在。这是精神、心灵快乐自足性的表现。

"尽人力"就是知道自己能做什么，什么是该做的；"知天命"就是知道自己不能做什么，什么不该做。这时才耳顺，任你在我耳边说什么新奇的、花样的路，我"量力守故辙"，我度量好了自己，只守住自己这条路，毫不动心，知道坚决干什么，坚决不干什么。这时人才能追求不强求，为所当为、顺其自然，从心所欲不逾矩。矩包含天命所限，并非只指外在规矩，这时，人能欣欣然地、自觉地走在自己特色的人生道路上，并且"一以贯之"，在这个喜乐的人生旅途上快乐地行走着，"不知老之将至"。陶渊明是真正属于孔子所说的那种"古之学者"。

因此，具有"天地境界"的人，对于宇宙、人生已经有了完全的了解，使自己"纵浪大化中，不喜亦不惧"。这种对宇宙人生最好地觉解后活在天地境界的人，不仅表现出对大自然的热爱，同时也包含着对生命热爱的情怀，追求心境之宁静、自然之真美、生命之纯真、精神之自由。

陶渊明将生命分为形、影、神三境界，是马克思关于自然属性、社会属性、精神属性人性观的朴素表达。

形赠影

天地长不没，山川无改时。

草木得常理，霜露荣悴之。

谓人最灵智，独复不如兹。

适见在世中，奄去靡归期。

奚觉无一人，亲识岂相思。

但余平生物，举目情凄洏。

我无腾化术，必尔不复疑。

愿君取吾言，得酒莫苟辞。

影答形

存生不可言，卫生每苦拙。

诚愿游昆华，邈然兹道绝。

与子相遇来，未尝异悲悦。

憩荫若暂乖，止日终不别。

此同既难常，黯尔俱时灭。

身没名亦尽，念之五情热。

立善有遗爱，胡为不自竭？

酒云能消忧，方此讵不劣！

神释

大钧无私力，万理自森著。

人为三才中，岂不以我故。

与君虽异物，生而相依附。

结托既喜同，安得不相语。

三皇大圣人，今复在何处？

彭祖爱永年，欲留不得住。

老少同一死，贤愚无复数。

日醉或能忘，将非促龄具？

立善常所欣，谁当为汝誉？

甚念伤吾生，正宜委运去。

纵浪大化中，不喜亦不惧。

应尽便须尽，无复独多虑。

"形"为物质生命及其欲求，"影"为社会伦理价值的呈现，"神"为自然合道的审美精神境界，在这个审美的精神境界中才能呈现真正的自我，他将其叫作"己""心"。"饥冻虽切，违己交病"，追求"称心"，当物质生命与精神生命在需求上发生冲突时，他最终做出服从精神生命的选择。在《归去来兮辞》中，他将这个问题讲得更清楚："归去来兮，田园将芜胡不归？既自以心为形役，奚惆怅而独悲？悟已往之不谏，知来者之可追。实迷途其未远，觉今是而昨非。"这表明了陶渊明人生的基本宗旨："纡辔诚可学，违己讵非迷！"（纡辔：回车之意，这句话的意思是回车改辙诚然可以学习，然而违背自己本性初衷是迷心）还是

《归去来兮·并序》中那句话："饥冻虽切，违己交病。"可见陶
渊明对这种人生境界是一直坚持着的！这是陶渊明非常人所及的
地方。

陶渊明最具人学意味的诗是前面提到的《形影神》组诗，
里面充满对人性深刻的思考。"形"即肉体与生理层面的我，偏
重人的自然属性；"影"即个体生命的社会影响与行为形象，偏
重人的社会属性；"神"则是居于"形"和"影"之上的最高自
我，偏重人的精神属性。陶渊明认识自我，对自我的发现，通过
《形影神》这三首哲学诗表现出来的，**其实是他平生不断寻求自
我的一个总结**。他指出"形"与"影"，都是受个体、生命欲望
所支配的，但"影"是比"形"更高一级的自我意识。与"形"
纯从物质欲望去感受生命不同，"影"从理性的角度认识生命的
价值，认为形体虽会消失，但行为所造成的影响，却会经久地在
人群中继续，也就是通过"三立"达到不朽。这不失为超越生
命之限的一种方法，但到了《神释》，则对这种不朽观做了彻底
的剖析。经过长期思考，陶渊明认识到"影"的局限性——
"三皇大圣人，今复在何处？彭祖爱永年，欲留不得住。老少同
一死，贤愚无复数。日醉或能忘，将非促龄具？立善常所欣，谁
当为汝誉？甚念伤吾生，正宜委运去"，他提出了"纵浪大化
中，不喜亦不惧。应尽便须尽，无复独多虑"的生命哲学。陈寅
恪把这种思想称为"新自然说"。陶渊明的生命哲学表现在完全
不依赖外在力量与信仰，凭自力悟彻生命的真相，从而超越功利

和生死。"应尽便须尽，无复独多虑"，在生与死的问题上，明智的人把关注点放在乐生上。死，不会忘记任何一个人，死亡具有必然性，如果一生充满对死亡的恐惧与忧虑，而无暇享受生的快乐，实非智者的态度。他的一生都在实践着他的生命哲学，他的《自祭文》更表现出临终时非凡的平静，这一切都说明，他所建立的是一种实践的生命哲学，他在这种实践生命哲学上的成功远远超过哲学本身。对陶渊明而言，心灵的自由就是他的生命，再没有什么东西比这更珍贵了，这种追求可能要承受对家庭、社会没有责任感的压力。实际上，对社会、家庭的责任，必须是在不违背自己自身愿望的前提下实现，只有在自身的心灵和谐、实现了自我价值的基础上，才能真正做到对家庭、社会的责任。陶渊明寻找到了一种在当时最适合自己的生活方式，这种生活方式所遵循的生活理念，并非建功立业、光宗耀祖、名垂青史等主流社会所公认和信奉的价值观，它与外在的事功无关，而是更多指向内心。但这种生活方式是要付出代价的，生存条件要靠自己打拼；另外更重要的一点，这种姿态与社会公认的评价价值标准相背离，倘若一个人的自信没有强大到足以与之抗衡，是极难走出这一步的，这需要一个人拥有以自由为最高追求的灵魂。没有自由，做自己内心非常不情愿的事，是比"饥冻"一类肉体痛苦更加难以忍受的心灵的痛苦，他给自己找到了一条精神的出路，找到自己安身立命之所在，再也不被外界的事物所左右、所迷惑，知道自己必须做什么，绝不做什么，而且"千载不相违"。陶渊明是在不违背自己本性的前提下完成对家庭、社会的责任，因为他深知"违己交病"，如果自己都"病"了，何谈对他人之责，还会成为家庭、社会的累赘。

他尝试过做官，也努力过要"兼济天下"，陶渊明在仕与隐之间几进几出，说明他也渴望像后世的王维、白居易那样把入世为官和精神自由协调统一起来，处理好个体精神关照同社会价值实现的关系，立足现实，心素自然，工作生活两不误。但他生逢乱世，官场环境不容他这样，且他又"性本爱丘山"，他深知"违己交病"，只能退而求其次走上独善其身的道路。这是他选择这种生活方式的深层原因，"不为五斗米折腰"只是促使他做出这种选择的最后一根稻草。所以说陶渊明的隐居不是一种手段，而是当时社会现实条件下适合自己的一种生活方式，不像一些人是"终南捷径"，后人称陶渊明"古今隐逸诗人之宗"，他却没有把自己当作隐士，他只是在按照当时社会现实条件下适合自己的方式"生活"而已。所以他"结庐在人境"，而不是在远离人世的深山老林之中生活。从自己的体验出发，创作出《形影神》，参破名利场，打透生死关，悟透人生之后，心灵是那样的祥和与宁静。他生活在闲适的审美境界中，审美境界的生活指向"乐"。"俯仰终宇宙，不乐复如何？"他有一颗悠然之心，只要有这样一颗悠然之心，看南山还是北山是无所谓的。他的生活回归人性，他生活在自己的心灵中，有一种乐观而从容的心态。会安心之人，才是幸福之人，安心才可得大从容、大安宁、大幸福。"纵浪大化中，不喜亦不惧"，"人生如寄，多忧何为"。他的感慨是深沉的，又是平和的。

陶渊明的诗之所以丰富、深刻，也是因为他经历了人生的矛盾、选择和挣扎，而终于找到了自己的一个立足之地。他不是生活在道德境界中，而是生活在天地境界中。"俯仰终宇宙，不乐复如何？"他能从内心情不自禁地涌现出"乐"。"问君何能尔？"一切答案全在这里："心远地自偏。"

（二）道家思想是如何处理幸福观中物质与精神关系这个核心问题的

人民日报刊文说：物质幸福时代已经结束，新的后物质时代来临。这个判断对一部分人可能是对的，但对中华民族整体而言可能为时过早。在物质匮乏的年代我们习惯给幸福做加法，添冰箱、买彩电、配洗衣机，从一无所有到全副武装的过程确实能给人幸福的感觉。但我们将走进物质相对丰富的时代，从占有物质中获得的满足感很难长久。物质相对饱和之后，比起金钱和物质，更重要的是身心健康，是感情的丰盈和精神的充实，人们从对身外之物追逐到对身内之物珍重，因为这些将会永久地注入我们的生命。儒家让我们从"天行健，君子以自强不息"这个阳的方向通过加法获得幸福。如果一个人有能力进入后物质时代，释道让我们从阴的方向通过减法、通过"断舍离"获得幸福，必须知道去掉什么才会幸福，干净利落地砍掉那些生活当中不需要的东西。释、道是从这个角度关照幸福的，它告诉我们降低阈值、知足常乐也可以得到幸福。为所当为、顺其自然的核心是以自己的能力和兴趣为半径画好自己人生的圆。

释、道两家的人生智慧都强调给生活做减法，强调"养心莫善于寡欲"，让我们明白舍弃带来的自由给人以巨大幸福感，物质欲望越收敛，精神世界越丰富。西方从柏拉图开始，经斯多葛派到犬儒学派，主张克己节欲，独善其身，宣传简单生活才能轻松幸福。犬儒学派的代表人物是第欧根尼，据说亚历山大大帝曾经拜访过他，问他想要什么恩赐，他回答说："只要你别挡住我的阳光。""活得简单才能活得自由"，现在世界上流行"简单主义"的生活方式。19世纪著名的美国思想家梭罗一生都过着简朴的生活，他认为，我在我内心发现感情，精神丰富的人，其外在的追求都是趋于简朴的。我喜欢探索精神生活，为了这种生活，我在物质上崇尚简朴。简单生活并非物质上的匮乏，但一定是精神的自在；简单生活，更不是无所事事，却是心灵的单纯。回归内在的真实，不为虚幻的外在牺牲真实的内在。因为他们知道以失去自我为代价的成功是不值得的。简单主义，在饮食上也是如此，吃得清淡但不寡淡，生活用品上每买一件东西都先问自己：这件东西会使我的生活更简化，还是复杂难耐？超出所需就是累赘，生活原本是简约的，因为人性的弱点融入了许多内容，如虚荣、攀比和嫉妒等，人们自然感到越来越累。拼命地挣钱，再用挣到的钱干那些与生命和生存关系不大的繁杂琐事儿是多么愚蠢的行为啊！正如卢梭所说，大部分奢侈品均无必要，而且使生活繁杂。

中国的老子、庄子同他们在幸福观上颇有相似之处，主张恬淡寡欲。幸福不仅在于得到了什么，还在于没有什么。佛教也如此，内心有贪念，得多少也不见得幸福。只有怀着赤子之心，心中没有"贼"，才会活得祥和快乐，贪、嗔、痴等人性的弱点就是人心中的"贼"，不管生活在什么社会层次之中，被它们充斥，心灵都会受到煎熬。

禅宗创始人惠能六祖说："菩提只向心觅，何劳向外求玄?"儒家的，"天行健，君子自强不息"，是给幸福做加法；佛、道是给幸福做减法，"天下之难持者莫如心，天下之易染者莫如欲"，不管得到多少，只要心中没去掉贪、嗔、痴这些心中"贼"，你也不会有幸福，甚至会突破底线乃至违法犯罪。幸福是加法和减法的混合运算。

直面当下，商品经济大潮的冲击下有些人欲望日渐膨胀，幸福感却每况愈下。多少人迷失在成功学编织的所谓梦想之中不能自拔，蹉跎了岁月，荒芜了精神，在循环的自我否定中走向沉沦。放眼望之，许多国家都在片面发展中忽视了国民的幸福指数。幸不幸福无法仅仅以外在的指标来判定，在后物质时代，更要坚持人的自由和全面发展的道路。

参考文献

一、著作

[1]《马克思恩格斯选集》（第 1 卷），人民出版社 1995 年版。

[2]《马克思恩格斯全集》（第 3 卷），人民出版社 1960 年版。

[3]《马克思恩格斯全集》（第 23 卷），人民出版社 1972 年版。

[4]《马克思恩格斯全集》（第 42 卷），人民出版社 1979 年版。

[5] 高建军主编：《人生哲理新论》，中国政法大学出版社 1995 年版。

[6] 钟明华、李萍等：《马克思主义人学视域中的现代人生问题》，人民出版社 2006 年版。

[7] 陈志尚主编：《人学原理》，北京出版社 2005 年版。

[8] 李中华主编：《中国人学思想史》，北京出版社 2005 年版。

[9] 赵敦华主编：《西方人学观念史》，北京出版社 2005 年版。

[10] 袁贵仁主编：《人的哲学》，工人出版社 1988 年版。

[11] 周国平：《岁月与性情：我的心灵自传》，长江文艺出版社 2004 年版。

[12][美] 马斯洛：《人的潜能与价值》，林方译，华夏出版社 1987 年版。

[13][美] 戈尔布：《第三思潮：马斯洛心理学》，上海文艺出版社 1987 年版。

[14] 南怀瑾：《论语别裁》，复旦大学出版社 1990 年版。

[15][英] 休谟：《人性论》，关文运译，商务印书馆 1980 年版。

[16] 茅于轼：《中国人的道德前景》，暨南大学出版社 1997 年版。

[17] 冯友兰：《中国哲学史》（上、下），华东师范大学出版社 2000 年版。

[18] 赵敦华：《现代西方哲学新编》，北京大学出版社 2001 年版。

[19] 李德顺：《价值论》，中国人民大学出版社 2007 年版。

[20] 甘绍平：《应用伦理学前沿问题研究》，江西人民出版社 2002 年版。

[21] 彭明主编：《近代中国的思想历程》，中国人民大学出版社 1999 年版。

[22] 牟宗三：《中国哲学十九讲》，上海古籍出版社 2005 年版。

［23］张君劢：《新儒家思想史》，中国人民大学出版社 2006 年版。

［24］［德］恩斯特·卡西尔：《人论》，甘阳译，上海译文出版社 1985 年版。

［25］［法］卢梭：《社会契约论》，何兆武译，商务印书馆 1980 年版

［26］［英］亚当·斯密：《道德情操论》，蒋自强等译，商务印书馆 2002 年版。

［27］［英］罗素：《西方哲学史》，何兆武等译，商务印书馆 1963 年版。

［28］［德］黑格尔：《法哲学原理》，范扬、张企泰译，商务印书馆 1982 年版。

［29］詹万生主编：《中国传统人生哲学》，中国工人出版社 1996 年版。

［30］方立天：《佛教哲学》，中国人民大学出版社 1986 年版。

［31］［日］池田大作：《我的人学》（上），铭九译，北京大学出版社 1990 年版。

［32］［日］池田大作：《我的人学》（下），潘金生、庞春兰译，北京大学出版社 1990 年版。

［33］冯友兰：《中国哲学简史》，北京大学出版社 1996 年版。

［34］李泽厚：《中国现代思想史论》，东方出版社出版 1987 年版。

［35］钱穆：《论语新解》，生活·读书·新知三联书店 2002 年版。

［36］罗国杰：《马克思主义伦理学》，人民出版社 1982 年版。

［37］鲁迅：《鲁迅全集》，人民文学出版社 1981 年版。

［38］袁贵仁：《马克思的人学思想》，北京师范大学出版社 1996 年版。

［39］［日］冈田武彦：《王阳明大传》，杨田等译，重庆出版社 2015 年版。

［40］周国平：《周国平人文讲演录》，上海文艺出版社 2006 年版。

［41］［美］马斯洛：《马斯洛谈自我超越》，石磊译，天津社会科学出版社 2011 年版。

二、论文

［1］邹广文、刘文嘉："回归生活世界——哲学与我们时代的人生境遇"，载《杭州师范学院学报》2005 年第 6 期。

［2］辛世俊："试论人的提升"，载《郑州大学学报》2005 年第 1 期。

［3］朱荣英："论人的生存与人的本质"，载《河南大学学

报》2001 年第 6 期。

[4] 李德顺："马克思主义哲学在当代"，载《北京行政学院学报》2005 年第 2 期。

[5] 罗归国："全球化　普世价值　开放性"，载《理论前沿》2004 年第 16 期。

[6] 李步云："人权普遍性之我见"，载《新华文摘》2006 年第 13 期。

[7] 林剑："马克思人学四辨"，载《学术月刊》2007 年第 1 期。

[8] 杨玉成："休谟的人性哲学和斯密的人性经济学"，载《东南学术》2001 年第 4 期。

[9] 郝志军："基础教育课程改革问题的人学检视"，载《天津师范大学学报（基础教育版）》2008 年第 1 期。

[10] 耿爱先："从马克思主义人学视阈看当代大学生审美教育的缺失"，载《江西金融职工大学学报》2008 年第 2 期。

[11] 卫灵："'经济人'假设与马克思主义的利益观"，载《马克思主义研究》2005 年第 4 期。

[12] 孙美堂："论普世价值的辩证本性和问题情境——兼评关于'普世价值'的争论"，载《学习与探索》2011 年第 3 期。

[13] 韩庆祥："马克思开辟的人学道路"，载《江海学刊》2005 年第 5 期。

［14］宋洁："论鲁迅'人学'观念的现代转型"，载《山西大学学报（哲学社会科学版）》2007 年第 2 期。

［15］李德顺："简论人类活动的价值原理"，载《北方论丛》2017 年第 4 期。

［16］丰子义："新时代凸显发展的整体性协调性"，载《人民日报》2017 年 11 月 23 日。

［17］习近平："携手构建合作共赢新伙伴，同心打造人类命运共同体——在第七十届联合国大会一般性辩论时的讲话"，载《人民日报》2015 年 9 月 29 日，第 2 版。

［18］鲁品越、王永章："从'普世价值'到'共同价值'国际话语权的历史转变——兼论两种经济全球化"，载《马克思主义研究》2017 年第 10 期。

图书在版编目（ＣＩＰ）数据

人学视域中的人性问题研究/段志义著. —北京：中国政法大学出版社，2021.5

ISBN 978-7-5620-9970-3

Ⅰ.①人… Ⅱ.①段… Ⅲ.①人性－研究 Ⅳ.①B82-061

中国版本图书馆CIP数据核字(2021)第086179号

出　版　者　　中国政法大学出版社

地　　　址　　北京市海淀区西土城路 25 号

邮　　　箱　　fadapress@163.com

网　　　址　　http://www.cuplpress.com (网络实名：中国政法大学出版社)

电　　　话　　010-58908435(第一编辑部) 58908334(邮购部)

承　　　印　　固安华明印业有限公司

开　　　本　　880mm×1230mm　1/32

印　　　张　　6.25

字　　　数　　123 千字

版　　　次　　2021 年 5 月第 1 版

印　　　次　　2021 年 5 月第 1 次印刷

定　　　价　　39.00 元